打造理想水族箱
无须换水的鱼缸养护指南

[日] 青木崇浩 著

梁京 译

人民邮电出版社

北京

鱼缸里的水清澈透明

鱼儿在水缸里来回游动。

水蚤连续培育，已获得专利

水蚤的自然养殖和人工培育都很简单。

生机勃勃的水草和水藻

清澈的水不仅于动物的生存有益，也有益于水草和水藻的生长。

喂食活饵，保持鱼儿的健康

通过喂食新鲜的活饵，鱼儿茁壮成长，每天都能健康地游来游去。

除了鱼类，还可以养殖水蚤和虾

水蚤和虾共处。

大批量的鱼共处

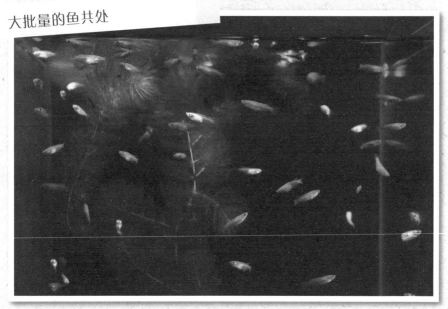

利用细菌分解毒素，实现在一定空间的鱼缸里饲养大批量的鱼。

难以饲养的水晶虾等也能生存

对水质非常敏感的水晶虾充满了活力。

提前蜕皮，迅速生长

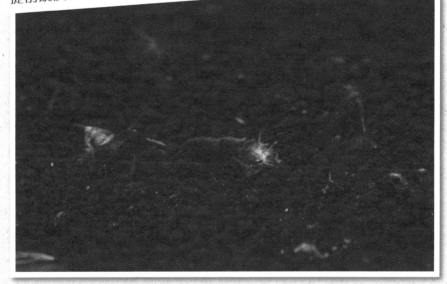

日本藻虾在自然净化的鱼缸中也显得更加活跃，提前蜕皮，迅速生长。

有一个词，叫作继往开来。意思是承接先人的智慧，一边发扬光大，一边开拓未来。本书所记载的内容便可归纳为"继往开来"。

在过去的河流和田地中，栖息着各种各样的生物。可是，为什么近年来却看不到它们的踪影了？随着都市的开发，河流受到污染；随着化学肥料和农药在田地中的使用，生物们失去了安全的栖息环境。

我作为研究青鳉的专家，多年来一直致力于研究打造适合青鳉栖息的环境，如将它们饲养在除去次氯酸钙、稍稍提高盐分浓度的水中，或饲养在浮游植物丰富的"绿色水"中。在尝试过各种饲养方法后，我发现没有一种方法合适，有一些疑问一直在我脑海中挥之不去。

那就是，新鲜的水究竟能够在多长时间内持续保鲜？适量的盐水浓度值大概是多少？"绿色水"中会出现哪些细菌，又会有怎样的变化？

为此，我找到了谁都可以使用的、仅凭双眼就能判断水质的方法。

我想在本书中公开我的研究成果，请务必看到最后。

青木崇浩

目 录

第7章 观赏鱼缸的制作方法

第8章 常见问题解析

结语

第1章

自然界的净化系统
最适合鱼类

1. 向无须换水的自然界学习

饲养水生生物时，必须定期换水，以稀释亚硝酸盐等毒素。

但是，频繁换水会使环境发生较大的改变，给水生生物带来巨大的生存压力。

通常每1~2周换水一次。但在亚硝酸盐浓度非常高的情况下，必须彻底清理鱼缸。特别是在室内，没有阳光照射的情况下，水质恶化的速度快，换水的频率也要增加。

此外，只更换鱼缸中的水，并不能让环境变得稳定。换水后，水偏白而浑浊，虽然有一定的透明度，但到了第二天，会再次变得浑浊。这种情况下，不得不再次换水。虽然也有经常换水的饲养方法，但这样会使好不容易培育出的细菌减少，不利于细菌在鱼缸中繁殖。

饲养鱼类时，通常有两种方法来保持良好的水质：一是利用细菌净化毒素；二是经常更换新鲜的水，使环境接近无菌状态。

会养鱼的人一般每3个月改善一次水质，以打造适合水生生物栖息的环境。

改善水的环境是指，首先在鱼缸中铺满适合细菌繁殖的红粒土等土石；然后放满水，放置一天，除去次氯酸钙。

接着放入闯缸鱼（测试水质用的鱼），这是饲养中普遍的做法。经过2~4周，闯缸鱼的排泄物和残留的饵料会产生毒素，亚硝酸盐浓度会在一段时间内上升。这时不要换水，等待细菌繁殖。

换水会增加鱼儿生存的压力

换水不仅费时费力，还会使水质发生巨大变化，给鱼儿生存带来压力。

在这 1~2 个月，闯缸鱼会出现死亡、生病等情况。虽然看上去十分可怜，但请将死去的鱼清理掉，继续饲养剩下的鱼。

细菌繁殖后，亚硝酸盐浓度会逐渐降低，这时大概到了第 3 个月。亚硝酸盐浓度下降，是细菌分解毒素的表现。鱼类饲养最大的难点在于亚硝酸盐的存在。利用细菌的净化作用除去亚硝酸盐，会使鱼缸内环境变得非常安全。在经过如此漫长的时期后，水缸环境便打造完成了。

但是，这种方法也有缺点：细菌繁殖不仅需要漫长的时间，途中也会出现细菌不再继续繁殖的情况。

打造水缸环境的过程可能看起来十分顺利，但细菌是否顺利繁殖，却无从考证。

亚硝酸盐浓度刚刚下降，令人安心，但又突然上升；昨天还好好的，可今天早上起来后，鱼儿已经全部死亡。应该有很多人经历过这种情况。

身体衰弱的鱼

鱼鳞破损

鱼鳍合拢

长出白色的膜

鱼儿在鱼缸上部和底部时的状态

充满活力的鱼儿会在鱼缸中间游动。鱼儿在水底保持不动，或因为缺氧游到水面时，就需要注意了。此时因水质变差，导致鱼儿身体衰弱的可能性很大。

很多人因为有过这样的经历，所以觉得养鱼很难，因此放弃了养鱼。

可是，环顾自然界，河流、湖泊、海洋中栖息着各种各样的生物。下雨时，即使水中混入了会对环境造成影响的物质，也能自然而然地得到净化。当然，自然界不需要换水就能形成适合鱼类栖息的环境。这是因为自然界中存在众多有益菌，能够分解有害物质，持续保持水质良好。

在家庭的鱼缸里再现这样的净化过程，便是我想出的无须换水的自然净化系统。这一套自然净化系统非常简单，且不需要耗费很长时间，就能够在鱼缸中培育出众多优良的细菌。

白而浑浊的水，往往表明水质差，使得鱼缸环境不够稳定。

即便是自然净化系统，在刚刚启动时也会出现白浊现象，但经过2~3天后，水质就能恢复清澈透明。

再现自然界的自然净化环境并非易事，首先要对微生物进行调查研究。

微生物也有众多不同的种类，因此需要弄清楚哪些能够净化水质，给生物带来好的影响。

本书中提到的细菌是指我所研究的微生物经过发酵后产生的细菌。

我首先研究的是能够调整生物身体状况的乳酸菌，它存在于我们平日里经常食用的酸奶中。

乳酸的 pH 值很低，具有很强的抗菌性，使杂菌在乳酸环境下难以繁殖，可有效防止物品腐烂。

其次我还研究造成水质恶化的元凶，以及对淀粉、蛋白质、脂肪有较强分解能力的纳豆菌。要研究纳豆菌，必须要有能够生成纳豆菌的麦秆，因此我联系了完全不使用农药的农户，这些农户使用含有纳豆菌和酵母菌等的发酵肥料进行农耕。

酵母菌与其他细菌配合，能够有效分解有机物，制作有机酸和氨基酸等。这些物质会成为其他微生物的饵料，促进细菌繁殖。

这时，我察觉到了一点。

过去的水田中栖息着青鳉，还有水蚤等生物。而现在，青鳉已经成为濒临灭绝的物种，只有在水质非常好的地方才能看到它们的踪影。如果水质得不到自然净化，那么水田也不会是这些生物的乐园。这样的调查研究让我不禁思索，过去农户使用的肥料中是不是有什么特殊物质？

从发酵肥料中了解到

在研究发酵肥料时，我发现过去的耕作方法与现在的方法有着本质的区别。

发酵肥料中含有众多优良细菌。这些细菌不仅能够用来培育植物，还能用来净化水。

近年来化学肥料兴起，人们几乎不再使用过去的发酵肥料。

我并没有觉得化学肥料不好，只是消费者对使用了大量化学肥料和农药的谷物的安全性持怀疑和不安的态度，觉得吃了这样的食物会给身体带来不好的影响。

但是，在日本的农业系统中，小规模的耕作不得不依赖于进口肥料，完全进行无农药耕作十分困难，农耕方法的改变也是必然的。

我对于效率低下的、不适用于当前农耕技术的、随着时代的变更而消失的发酵肥料做了一些调查。

在未使用化学肥料的年代，农户会制作发酵肥料，其中最优质的

三段发酵肥料的制作过程

第一阶段　糖化（因曲霉属菌发酵而糖化）

⬇

第二阶段　分解（纳豆菌分解蛋白质，导致乳酸菌增加）

⬇

第三阶段　合成（酵母菌生成有益细菌）

便是将乳酸菌、酵母菌、纳豆菌的发酵物作为肥料使用的"三段发酵肥料"。

制作这种肥料需耗时数月，同时需耗费大量劳力。在实际操作中，我发现其制作过程不仅费力，还需要很强的专业性，比如为了掌握发酵的状况，必须每天进行观察。此外，准确掌握材料的配比和气候条件等也是制作发酵肥料的必要因素。

使用发酵肥料不仅能够培育出健康的土壤，还能有效防治病害、虫害，培育出安全放心的农作物，

同时还能提高收成。

使用这种肥料培育农作物，能够维持健全的生态系统，水田中的小鱼和原生生物也都可以健康地在水中生存。

发酵肥料中产生的细菌不仅能够给农作物带来好的影响，还有益于生活在附近的所有生物。随着农耕方法的增多，这种费时费力的农耕方法逐渐被取代，那个能够轻易捕捉到小鱼和原生生物的时代也随之远去。

3. 传统的三段发酵肥料

米糠、油渣、蔬菜渣等（碳氮比为

20 左右的有机物）

米曲霉（曲霉）

纳豆菌、乳酸菌、酵母菌

*C= 碳元素，N= 氮元素

●发酵的第一阶段　**糖化**

曲霉将有机物转变成糖分。糖

分是其他细菌的养料。

●发酵的第二阶段　**分解**

经过第一阶段的发酵，曲霉在

高温下全部死亡,纳豆菌开始活跃。

纳豆菌释放出碱性分解酶，将蛋白

质和脂肪分解成氨基酸。有机肥料

的温度上升为 70℃左右。

●发酵的第三阶段　**合成**

翻动肥料，使温度下降，并加

入酵母菌。酵母菌能够合成氨基酸、

维生素、蛋白质、酶素等对植物有

益的营养成分。

乳酸菌和酵母菌死亡时，可以

用放线菌替换。

整个流程概括起来是，曲霉糖

化有机物生成微生物的养料→喜碱

性的纳豆菌等分解蛋白质→乳酸菌

降低 pH 值→喜酸性的酵母菌将肥

料有机化。

总之，纳豆菌、乳酸菌、酵母

菌在曲霉生成的糖分中繁殖。简

单地想一想，只要有适量的糖分

和 3 种细菌，或许就能够制造出

发酵肥料。

在自然界的细菌环境中显著

活跃的 3 种细菌

自然界并不是单一细菌的世

界，而是由线状菌、放线菌、酵母

菌、纳豆菌、乳酸菌，以及光合细

菌和根瘤菌等组合而成的，各种细

菌之间维系着平衡。

现在也能制作发酵肥料

从前的农户有很多制作发酵肥料的地方。制作发酵肥料耗时耗力，而且根据不同的耕作规模，有时需要的量也很大。

其中最活跃的 3 种细菌是纳豆菌、酵母菌及乳酸菌。

过去的发酵肥料，就是由这 3 种细菌组合制作而成的。

在调查发酵肥料时，我注意到了这一点，这关系到再现自然界水质的自然净化系统的构建。

从前的耕地土壤和光合细菌

除了上述 3 种活跃细菌外，光合细菌也较为活跃。

光合细菌是水田、河流、海岸土壤中，污水处理厂等积水处的原住细菌。

光合细菌在农业和水的净化方面有着显著功效。关于这一点，已有许多研究者发表过研究成果。

此外，周围的微生物很容易受到光合细菌的影响，但在腐败菌等有害微生物较多的环境中，光合细菌却无法发挥其功效。

耕地土壤中也存在丰富的光合细菌。要打造能够消除光合细菌弱点的环境，需要由乳酸菌、酵母菌、纳豆菌制作而成的发酵肥料。

不使用农药的年代，水田中生活着各种各样的生物。

过去这种非常完美且具有协同作用的农业系统让我惊叹。

在过去，使用了发酵肥料的耕地富含营养，土壤中的光合细菌不断繁殖，这样的环境既安全，又能培育出美味的大米和蔬菜等农作物。

这种无农药栽培的耕地中也有小虫，因此会在灌水的稻田中放养青鳉，让它们吃掉害虫。如此一来，就能够收获美味的大米。

对青鳉来说，害虫是最好的饵料，它们受益于充满细菌的环境而健康成长。

这里隐藏着能够培育出无公害的大米、蔬菜及水生生物的关键。

过去的稻田是先人凭借智慧创造出的自然界中最完善的细菌环境。

光合细菌在哪里？

光合细菌在有阳光照射的、没有氧气的地方繁殖，原本是稻田中的原住细菌，存在于富含有机物的积水处。

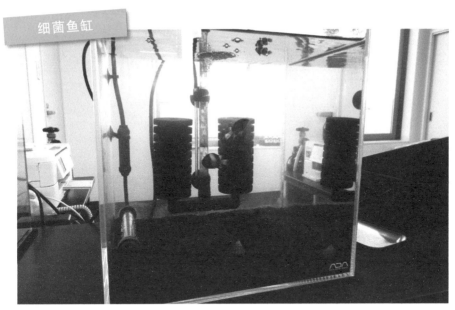

我从过去使用的肥料中得到启发，用这种肥料培育细菌进行养殖。

盐分浓度较高的海水中也有光合细菌。

光合细菌以难闻的硫化氢和有机酸为养料。硫化氢是由硫元素和氢元素组成的化合物，具有臭鸡蛋的气味。

光合细菌有怎样的功效？

光合细菌可以除去难闻的硫化氢，并使有机物无害化。光合细菌含有丰富的蛋白质和维生素，是优质的鱼类饵料。

正如其名，光合细菌能够进行光合作用，利用光以硫化氢和有机酸为养料，在体内积累氨基酸，通过储存氨基酸成为肥料，使作物生长，并且能够提高收成。

光合细菌通过与好氧菌共生来发挥作用。这是因为光合细菌对污染的抗性强，但对杂菌和病原菌的抗性较弱。因此，利用纳豆菌、乳酸菌、酵母菌等好氧菌除去杂菌，可以创造更适合光合细菌发挥作用的环境。

4. 为何河流、湖泊、海洋经常被净化？

40多亿年来，自然界中无时无刻不在进行着自然净化。

虽然我以调查水田为主，但在自然界中还存在着众多其他细菌，它们时刻都在净化环境。无论是河流、湖泊，还是海洋，细菌无处不在，不可能将它们逐一再现。但是，我认为能够再现水田中的细菌环境，实现自然净化。这是我灵机一动想出的点子，也是从先人的智慧中学到的知识。

以海洋为例，海底流淌着地下水系，这种地下水从地底涌出后，会再次流回海洋。要点是涌出的水流回海底的途中会经过细菌层。这一过程不仅是水涌出地面这么简单，流经细菌层后，涌出的水带有细菌，具有提供营养和净化的作用。

我从这一"自然净化层"中得到启发。水田中培育出的细菌，在自然界中同样存在。我在鱼缸中制作出厌氧层和好氧层，先使用底部过滤，从厌氧层抽取细菌进行培育。

接着，不使用底部过滤，利用双重层进行培育。这样一来，即使没有经过底部过滤也能够抑制毒素。放入闯缸鱼后，鱼儿能够健康地来回游动，几乎不会出现死亡或生病等状况。

无数次实验的结果表明，氨和亚硝酸盐的浓度被有效地控制住了。

最初一周的状况十分不稳定，但相比之前，水循环的启动速度和安全性都有所改善。

微生物的连锁反应产生的自然净化

有氧（好氧层）

有氧 ⇩ 无氧

贫氧（兼性厌氧层）

微生物连锁分解

无氧（绝对厌氧层）

地下水系的上部是好氧层（好氧菌的栖息地），中部是兼性厌氧层（无论有氧还是无氧都能生存的细菌的栖息地），底部是绝对厌氧层（无氧状态下活跃的细菌的栖息地）。请自行联想水流一边带走有益菌，一边涌出地表的过程。

[自然净化的水是轻度发酵水]

过去的田地里栖息着各种生物，这归功于肥沃的土壤和经过细菌净化的水。

从过去田地中使用的肥料得到启发，这样的水能够让鱼缸中的水变成轻度发酵水，能分解有害物质，而且不会腐坏。

鱼类死亡几乎都是因为水中产生了氨、亚硝酸盐、硝酸盐等，这些毒素产自腐败的饵料残渣或鱼类排泄物。

有的水乍一看可能十分干净，但毒素含量非常高，含量可以在一夜之间骤然提高，这对鱼类十分危险。特别是饲养对水质十分敏感的水晶虾等，经常遇见这样的情况（水晶虾在水的毒素含量不是很高的情况下也可能会死亡，是公认的很难饲养的水生生物）。

这种轻度发酵水不仅能够防止毒素的产生，还能够使已产生的毒素含量无限接近于零。

培育细菌环境能够防止喂食鱼虾的饵料腐败，使鱼类的身体由内而外变得更加健康，体色更加鲜艳，长得更大。

鱼类在毒素过多的鱼缸中会变得行动迟缓，虾的足部也会几乎停止活动，生物的活性变化十分明显。

第2章

细菌是什么

1. 好氧菌和厌氧菌

好氧菌存在于鱼缸内的海绵和砂床等部位，是能够净化水的微生物。

鱼类排泄后，鱼缸中会产生氨。氨的毒性较强，浓度过高时会导致鱼类死亡。好氧菌能够将氨转化成亚硝酸盐。

亚硝酸盐也是毒性较强的物质，好氧菌能够将其进一步转化成硝酸盐。与氨和亚硝酸盐相比，硝酸盐相对无害，能够保证鱼类的安全。

但是，硝酸盐浓度过高也会对鱼类造成威胁，而之后出现的厌氧菌会将其分解。

最终残留的硝酸盐会被厌氧菌中的光合细菌分解。厌氧菌能够将硝酸盐变成氮气，排放到空气中。

但是，好氧菌和厌氧菌的生存条件不同，好氧菌存在于"氧气浓度高的地方"，而厌氧菌正好相反，存在于"氧气浓度低的地方"。

通常，好氧菌飘浮在大气中，能够在鱼缸中繁殖；而厌氧菌则需要一定的条件才能够存在于鱼缸中，因此多数鱼缸成了"必须换水的"含有好氧菌的过滤鱼缸。

清洗鱼缸时的注意事项

用含有氯的自来水清洗存在细菌的玻璃面等部位会导致细菌死亡，正确的清洗方式为慢慢注入中和过的含氯水流。通常情况下，厌氧菌不会在家用鱼缸中繁殖。

要点

好氧菌的转化

排泄物（氨） —转化→ 亚硝酸盐 —转化→ 硝酸盐

厌氧菌的分解

硝酸盐 —分解→ 氮气

厌氧菌虽然能够分解硝酸盐，但它与好氧菌的生存状态不同，能够在不分解的状态下滞留。在这种情况下通常应该换水。

鱼的颜色愈发鲜艳

良好的细菌环境能够让鱼的颜色更加鲜艳。

鱼缸的除菌

使用能够除去次氯酸钙的净水器。

纳豆

市场上售卖的纳豆就可以用，应使用其黏糊糊的部分，而不是豆子。

糖浆

糖浆会成为细菌的养料，通常可以用砂糖代替，但要使用含有丰富矿物质的砂糖。

好氧菌（依赖氧气的细菌）

纳豆菌的功效与特征

正如其名，纳豆菌是制作纳豆时需要的细菌。它能够防止生物生病，调整细菌平衡，帮助消化和吸收。

纳豆菌对排泄物的分解能力较强，能够减轻饲养用水的臭味，抑制发霉，分解亚硝酸盐，同时还会分解食物残渣中的蛋白质、淀粉和脂肪。

此外，纳豆菌能够分解细菌中的蛋白质，起到杀灭其他细菌的作用。纳豆菌可以依靠水中的氧气生存。使用纳豆菌可以安全地净化污水，除去恶臭。

纳豆菌原本存在于自然界的水中，是用于制作纳豆的细菌，因此即使吃进嘴里也没有危害，在鱼缸中使用后，可以直接排入下水管道。

因此，纳豆菌对于环境来说是安全性极高的净化细菌。

3. 兼性厌氧菌：乳酸菌

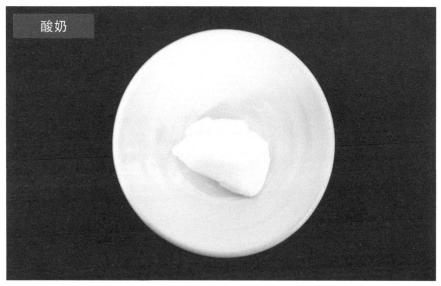

酸奶

既然是乳酸菌，就要使用酸奶。含糖的酸奶也可以使用，但我选用的是无糖酸奶。

兼性厌氧菌
（有无氧气都很活跃）

乳酸菌的功效与特征

乳酸菌在厌氧（氧气含量少）的状态下会生成大量乳酸，在有氧状态下也能够活动，对有害细菌具有攻击性，能够抑制杂菌和恶臭产生。

乳酸菌繁殖后，pH 值下降，会抑制杂菌生成，有利于其他细菌活动。

杂菌的分解能力并不强，但能产出乳酸等有机物。乳酸具有较强的抑菌能力，能抑制病原菌繁殖。

乳酸菌很适合与纳豆菌共存，纳豆菌能够使乳酸菌稳定地繁殖，其产生的代谢物还能够促进乳酸菌繁殖。

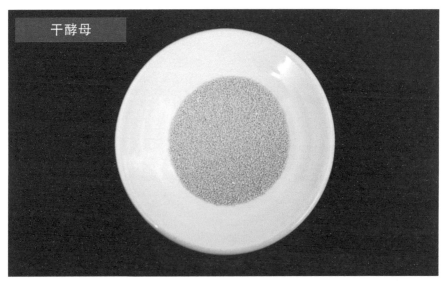

干酵母

利用干酵母培育酵母菌，也可以用啤酒酵母等代替。

兼性厌氧菌
（有无氧气都很活跃）

酵母菌的功效与特征

酵母菌可以分解有机物，生成有机酸和氨基酸等。这些不仅是其他微生物（尤其是乳酸菌）的养料，还能帮助鱼类健康成长。

酵母菌死后，会释放出氨基酸、核酸、矿物质、维生素等物质，同时防止有机物腐败，还原硝酸。这些能够给鱼类及水草带来较好的影响。

兼性厌氧菌是在有氧或有少量氧气的状态下都能够生存的细菌。其有氧时进行呼吸；无氧时通过发酵获取能量，进行繁殖。

酵母菌和纳豆菌、乳酸菌协同作用，能够生成原生生物最好的养料。

5. 厌氧菌：光合细菌

如果培育成功，光合细菌会变成红色，带有独特的硫黄味。虽然硫黄味很重，但平时都盖着盖子，所以气味不易挥发出去。

厌氧菌
（讨厌氧气的细菌）

光合细菌的功效与特征

光合细菌是净水作用显著的厌氧菌。

光合细菌能够分解鱼虾排泄物和饵料残渣，进一步生成氨基酸等，是鱼类健康成长必不可少的细菌。

水质恶化的原因大多与腐败（氧化）的有害菌有关。光合细菌的功效非常多，它有助于击退有害菌，帮助益生菌繁殖，抑制水氧化，分解鱼虾排泄物，抑制恶臭。

厌氧菌在通风环境下效能低下，这一点将在之后的章节中进行说明。

铺上两层水草泥，在下层铺满厌氧菌。下层保持无氧状态，繁殖后的厌氧菌会渗入水中。

[光合细菌的优点]

光合细菌是在地球上广泛分布的微生物，它们存在于包括普通土壤在内的任何地方，而不仅是水田、湖沼、沟渠、污泥等水环境。

在农业领域，光合细菌用来提高产品质量和收成。

在已有放线菌的土壤中培育放线菌，提高抑菌作用，制造出病原菌难以生存的土壤环境，能使光合细菌更加活跃。

光合细菌是厌氧菌，与好氧菌十分切合。好氧菌消耗氧气，使周围变成缺氧状态，这时光合细菌便开始繁殖。

光合细菌可以滞留氨基酸，这种氨基酸是作物最好的肥料，能够提高作物的质量和收成。

光合细菌在水产领域也有着巨大的潜能，特别是因为它们能够除去硫化氢这一恶臭的根源，使有机酸无害化。

光合细菌含有丰富的氨基酸，这是植物和鱼类上好的养料。此外，它们能够净化水，加快鱼类的生长速度，提高产卵率。

光合细菌还能够减轻鱼类散发的臭味。

第3章

菌液的制作方法

1. 光合细菌母液的制作方法

——— 光合细菌的培育方法 ———

（20L）

事前准备

- 20L 的透明塑料容器
（装有水肥的容器或玻璃鱼缸）
- 18L 左右的水

光合细菌的菌种

我使用自己制作的红色液体，量越多越好。没有菌种的情况下，可以从市场上购入光合细菌。

——— 材料 ———

- 含光合细菌的液体 500mL 左右
- 高汤 500mL 左右

将这些材料混合，加入水搅拌，再用塑料盖盖在上边，制作出厌氧环境。用加热器将水加热至 35℃左右，放在阳光充足的地方。

用玻璃鱼缸进行制作时，数天后玻璃面会变黑，这是受到了铁质的影响，不要担心。之后再过 2 周左右，液体会变成红黑色。

这一光合细菌母液就是将含有光合细菌的液体浓缩后制成的。

光合细菌母液所含的物质和功效

光合细菌母液中含有磷酸钾、硫酸铵、硫化镁，能够促进植物生长，这种培养液能够给鱼类及水草带来较好的影响。加入光合细菌母液的鱼缸，其中的水草会成长得更好，叶子的颜色会变得更好看。

向水中倒入高汤

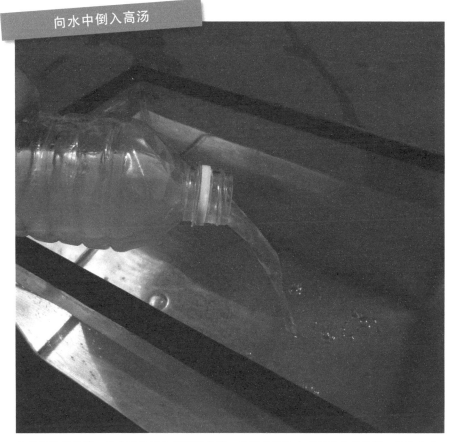

最重要的是灭菌，注意不要混入铜绿微囊藻。尽可能地除去水中的次氯酸钙，然后注水，再倒入高汤作为光合细菌的养料。

制作高汤

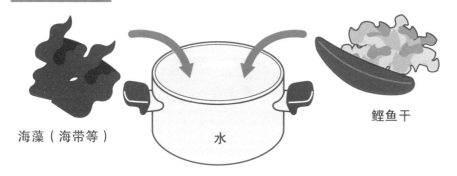

海藻（海带等）　　　水　　　鲣鱼干

利用制作味噌汤的要领，在 2L~3L 水中加入海藻和鲣鱼干等熬成高汤。这种高汤是光合细菌的养料。

培育高浓度光合细菌菌液的养料

·高汤：只需加入少量即可，但加入的量越多，培育进程越快。利用鲣鱼干和海藻制作出的所谓的高汤是光合细菌较好的养料，所以能够加快培育进程。我在制作 40L 光合细菌母液时，加入了 1L~2L 高汤进行培育。

·海藻粉末：不方便制作高汤时，可以用海藻粉末代替。其同样能够提高培育速度。制作 40L 光合细菌母液时，可加入 50g~100g 海藻粉末。

每周一次，向培育完成的光合细菌菌液中加入 10g 左右海藻粉末。这些都是光合细菌的养料，能够延长光合细菌的寿命。相比制作高汤，使用海藻粉末会轻松许多。

培育高浓度菌液

·壳聚糖：少量。

加入壳聚糖能够融合培育时加入的酸，提高菌液纯度。壳聚糖是将甲壳类动物的骨骼煮沸后得到的物质。农业领域中也经常使用壳聚糖，可以从相关的专卖店购入。

海藻粉末

为了维持光合细菌的生长繁殖，需加入高汤或海藻粉末。如果什么都不加，3 个月左右细菌的情况会开始恶化。

壳聚糖

壳聚糖能够起到稳定细菌的作用，情况允许的话请尽量使用。

要点

　　制作完成后的光合细菌菌液呈红色，并伴有强烈的硫黄味。随着时间的流逝，细菌的情况恶化后，硫黄味会逐渐消失。储藏制作完成的光合细菌菌液时，请加入高汤或海藻粉末。一般情况下，可以用市场上售卖的光合细菌作为菌种，但是我推荐使用光合细菌母液（高浓度光合细菌）作为菌种。

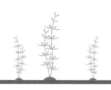

① 容器的灭菌

开始培育前必须进行灭菌，尽可能地将角落部分也清洗干净，最好能够使用新的容器。

培育的环境

· 放在充分受到阳光照射的地方（光合细菌耐高温）。

· 虽然可以混入少量空气，但还是需要用塑料薄膜隔绝空气。隔绝空气的理由是光合细菌是厌氧菌。

· 5~10 月的自然温度最为适合。

· 冬季必须加热至 30℃ ~35℃。

· 培育期为 15 天左右（高汤能够加快进程）。

＊我使用的光合细菌母液是用高浓度的光合细菌培育出的。多进行练习就能熟练掌握培育高浓度光合细菌菌液的技巧。

仔细清洗容器后注入水，然后再加入光合细菌的菌种和高汤。

③用塑料薄膜覆盖，制造出厌氧环境

加入菌种和高汤后，将容器放在阳光充足的场所，将塑料薄膜覆盖在水面，制造出厌氧环境。

①在寒冷环境下使用加热器

在寒冷环境下培育光合细菌菌液，应使用加热器，并将温度设定在30℃以上。

先将容器清洗干净。次氯酸钙会阻碍细菌繁殖，所以要使用不含次氯酸钙的水，再倒入混合好的材料。然后，将塑料薄膜盖在水面上，以阻隔氧气，将容器放在阳光充足的地方。

第一天，材料会变成浑浊的乳白色。倒入制作完成的光合细菌母液，或市场上售卖的光合细菌菌种。倒入的量越多，培育进程越快。

随着时间的流逝，液体的颜色会发黑。夏季的培育周期约为2周，冬季约为1个月。

培育过程中，玻璃容器的表面会变得漆黑，这是受材料中铁质的影响，无须担心。

在夏季，经过2周左右，液体的颜色会从粉色逐渐变成红色。当液体的颜色变成红色时，则培育完成，同时液体会散发出硫黄味。

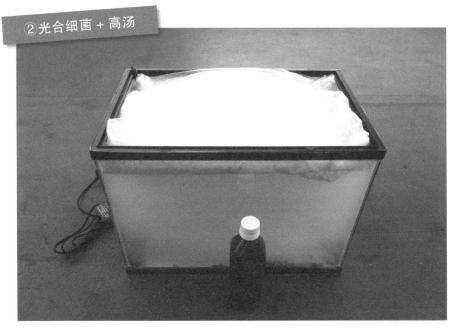

倒入光合细菌的菌种和高汤。

③用塑料薄膜覆盖，制造厌氧环境

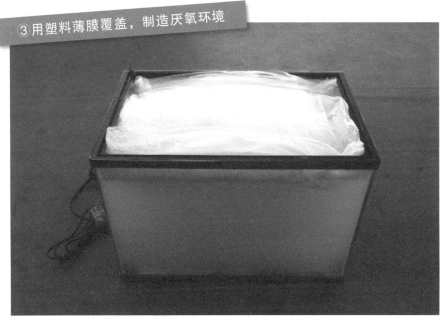

将塑料薄膜盖在容器上，不要让水面接触到空气。

在自然温度和冬季情况下都需要等待 1 个月

④在阳光下放置 1 个月

液体逐渐变色，晴天较多的情况下培育进程会加快。

⑤光合细菌菌液培育完成

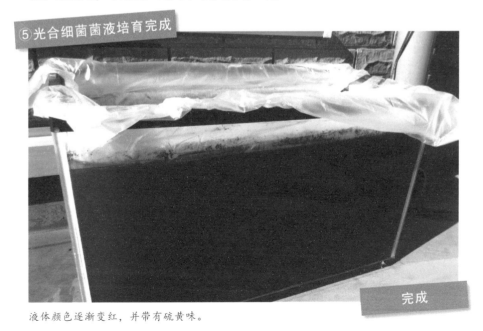

完成

液体颜色逐渐变红，并带有硫黄味。

[光合细菌的各种功效]

将培育好的光合细菌菌液加入鱼缸中，能够促进藻类生长，不需要额外的装饰，就能营造出很好的氛围。

如此打造的鱼缸，每一个都与众不同。除了藻类外，还可以放入金鱼藻等水草一同饲养。

应该有很多人培育过水草，在培育过程中，可能经常会遇到水草变成茶色，或变软溶解的情况，而光合细菌可以很好地解决这类问题。但是，问题在于藻类成长过快，如果不定期除藻，其很快就会长满鱼缸。过度增长的藻类还会缠绕住鱼类，导致其死亡。在培育水草的过程中必须注意这一点。

光合细菌是细菌，所以对幼鱼的成长也很有帮助。幼鱼出生后能否迅速学会捕食，决定了幼鱼的存活率。无论投放多小的饵料，总会有无法自行捕食的幼鱼，而细菌会在不经意间被幼鱼吸入体内，从而帮助其成长。

此外，饲养冬季需要冬眠的鱼类时，冬眠期绝对不能投喂饵料。在这种情况下可以用光合细菌代替饵料，不但能净化水质，还能减轻鱼类越冬的负担。

2. 含有乳酸菌、纳豆菌、酵母菌的好氧菌母液的制作方法

好氧菌母液是什么

我推荐使用由好氧菌制成的菌母液。

好氧菌母液是含有乳酸菌、纳豆菌、酵母菌这3种有益菌的菌液，它能够维持鱼缸环境的安定。这些细菌全部都是对生物无害的，它们也是维持鱼虾身体健康和净化水质不可或缺的细菌。而自然界的水环境中存在无数种细菌，这些细菌相辅相成，还能消除臭味。

好氧菌母液的制作方法

将装有材料的塑料瓶放在30℃~40℃的环境下发酵（加热方法见第46、47页）。第一天材料会迅速发酵，应每隔数小时将气体排出一次。瓶子胀气后，慢慢将瓶盖打开，排出气体。

从第二天开始，可以每天排出一次气体。细菌发酵后会释放氧气，不排气的话，最终会导致气体喷出。

另外，如果不盖盖子，会弄得满屋臭味。排气应尽量在屋外进行。随着发酵的进行，气味会逐渐变成水果一样的甜香味，这时表明发酵情况稳定。

事先准备

原材料都可以从方便购买的食品中获得。将所有材料放入1L的塑料瓶中。

- 1L 塑料瓶
- 含有乳酸菌的酸奶 50g
- 干酵母 4g（也可以使用酱油渣等含有丰富酵母菌的材料）
- 纳豆黏液（1颗纳豆）
- 糖（糖浆）60g（应使用含有丰富矿物质的糖浆，糖分是细菌的养料）
- 水 800mL

这些材料能够制作出700mL好氧菌母液。

＊可以用同样的比例制作1.5L和2L好氧菌母液。

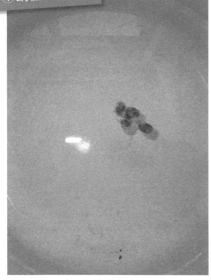

纳豆放入水中后会变黏，然后溶解在水中，之后去除豆子。

加入干酵母。

加入糖浆。放入纳豆、干酵母、糖浆的顺序可以打乱。

加入所有材料后进行搅拌。干酵母容易变成面团状，需仔细搅拌。

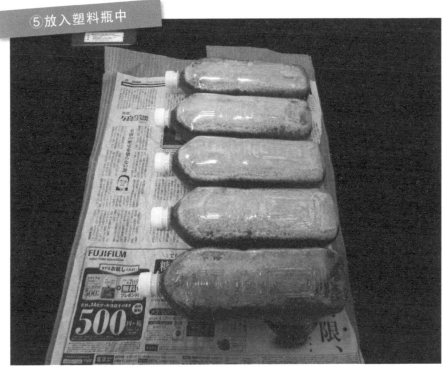

将搅拌后的材料装入塑料瓶中。使用电热毯进行加热，将温度调高，再将塑料瓶摆成一排，将毛巾盖在上边。应每天排气一次，否则气体会从瓶中喷出。

经过 7 天到 10 天，pH 值降到 4 以下便大功告成。此时臭味变成一种酸甜味，且能够平稳地生成气体。

完成后静置一段时间，死去的酵母菌（残渣）沉淀，形成了富含氨基酸和维生素的宝库，但这些物质容易腐烂，因此要将残渣去除。

残渣是死去的酵母菌，富含氨基酸和维生素，可以当作肥料使用。

制作完成的好氧菌母液可以在常温环境下保存，使用期约为 1 年。若放在阳光充足的地方则会发酵，需要定期排气。请尽量存放在阴凉处。

⑥可以使用加热器

将加热器放在水中，再让塑料瓶浮在水面。注意不要让插线板接触水。

⑦残渣沉淀

发酵后，死去的细菌沉淀在底部。

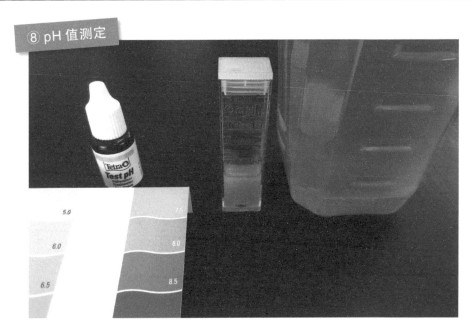

好氧菌母液的 pH 值降至 4 以下时，发酵完成，成品会散发出香气。

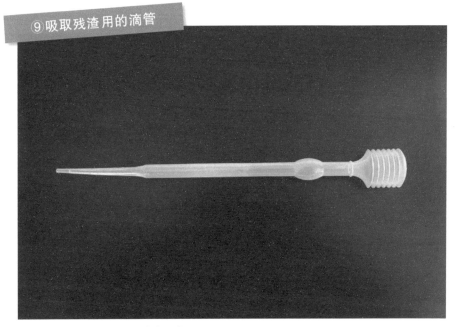

将死去的细菌（残渣）用滴管吸走。

⑩ 用滴管吸出残渣

用滴管吸出残渣。

⑪ 将残渣冷藏保存

残渣部分容易腐烂，所以要放进冰箱中保存，可以用于培养植物。

3. 好氧菌母液的使用方法

基本使用方法

鱼缸启动时，每100mL水加入20mL好氧菌母液（此后好氧菌母液可以改为上述一半的分量）。

最初的一周，每隔2天加入10mL好氧菌母液。

多加一些也完全没有直接的危害，但加入过多会造成氧气不足，不利于好氧菌生存。也可以一点一点加入。使用由好氧菌制作的好氧菌母液时需要增氧。

细菌繁殖过程中需要消耗氧气，如果不增氧，鱼缸内会缺氧。缺氧状态对鱼类十分不利，此时鱼类会浮在水面不断张口，就表明水中已缺氧了。

投放的饵料和鱼类排泄物腐烂后会产生病原菌。好氧菌母液中的细菌以病原菌为食，会将其发酵分解。鱼类排泄物被分解后会使水变得浑浊，但这对鱼类没有影响，也几乎不会致病。

鱼缸中加入好氧菌母液后，在糖浆的作用下水的颜色会变成茶色，数天后就能恢复透明，这一点无须担心。水面边缘（鱼缸侧面）会出现细小的气泡，这说明细菌正在发挥作用。因为细菌也会呼吸，所以会产生细小的气泡。

细菌定居、出现气泡后，每周或每两周加入一次好氧菌母液。

即使鱼缸内环境稳定，也需要定期检测亚硝酸盐的浓度。

在亚硝酸盐浓度较高的情况下，需连续数天，每天加入好氧菌母液，直至亚硝酸盐浓度降低下来。

控制分量

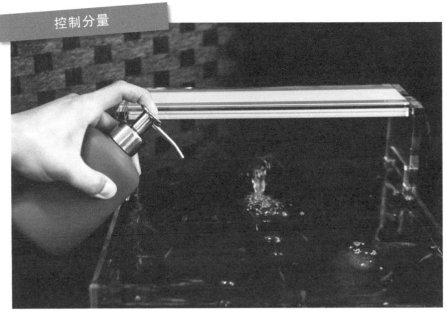

使用这种带喷嘴的容器瓶，方便调整分量。

使用增氧泵

加入好氧菌母液后，必须增氧。

功率不能太大

换气过强会给鱼儿带来压力。

在小型容器中，细菌同样活跃。

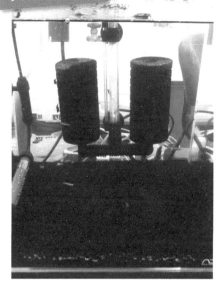

在细菌活跃的环境下，热带鱼也能健康成长。

水面边缘的气泡

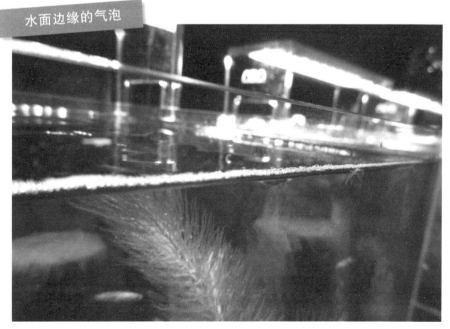

水面的边缘会出现气泡，这是细菌发挥作用的表现。

4. 加入菌液的培育水

只要加入好氧菌母液，不需要换水也能够高效分解毒素，但加入过多的好氧菌母液也会使水变浑浊。不过，2~3天后水会恢复透明，鱼类的排泄物和饵料残渣都会被细菌分解。

这样就可以一边顺利地繁殖细菌，一边饲养鱼类。

培育水的注意事项

好氧菌母液能够使细菌进入活跃状态，加入鱼缸中立即开始发挥作用，因此请使用彻底清除次氯酸钙的水。

自来水中含有能够杀灭细菌的物质。细菌包含有害的细菌及无害的细菌，但次氯酸钙会连无害的细菌一同杀灭。

但即便是浓度低到不会伤及鱼类，次氯酸钙还是会对细菌造成威胁。

开始培育细菌时，次氯酸钙便是最大的威胁。紫外线能够分解次氯酸钙，因此至少要将自来水放置在阳光下照射6个小时，才能充分去除次氯酸钙。

为了有效去除次氯酸钙，可以将自来水放置2~3天，并使用P118中介绍的命水石。

确认水的环境安全后，再加入好氧菌母液。

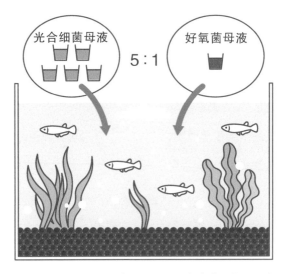

光合细菌母液与好氧菌母液

光合细菌母液

好氧菌母液

5 : 1

以 5：1 的比例加入光合细菌母液和好氧菌母液，使用带喷嘴的容器瓶会便于控制比例。

使用期限与光合细菌的配比

好氧菌母液在常温环境下可以保存约 1 年，但最好在半年内全部用完。

好氧菌母液能够将氨转化为亚硝酸盐，甚至可以进一步转化为硝酸盐。

硝酸盐的毒性不强，但浓度过高也会对水的环境造成危害。因此，

需要利用厌氧性的光合细菌（光合细菌母液）分解硝酸盐。

厌氧菌和好氧菌相互配合，净化效果非常好。

这种拥有净化作用的鱼缸，不需要换水。如前所述，好氧菌能够将有害物质转化成硝酸盐，而硝酸盐又会被厌氧菌分解。这样鱼缸内的毒素几乎完全被除去。

好氧菌和厌氧菌的功效

氧气逐渐减少

（好氧菌消耗氧气）

好氧菌活跃　　　　　　　　　　　　　　　　厌氧菌活跃

好氧菌母液让鱼缸中的氧气减少，光合细菌母液的效果便会增强。

小专栏

光合细菌母液和好氧菌母液的占比可以相等。

根据我的经验，光合细菌母液的占比大于好氧菌母液时效果更好。

光合细菌母液由厌氧菌组成，即使加入较多也不会引起缺氧，且净化效果稳定。而好氧菌母液分解毒素的能力非常强，请不要加入太多。

光合细菌母液和好氧菌母液也是培育水蚤的最好养料

在过去的水田中，小鱼健康地游来游去，还有水蚤生存于此。在考虑到这些后，我制作出了好氧菌母液和光合细菌母液。最优质的青鳉的饲养环境便是这种水田，其对其他微生物来说同样是非常好的生存环境。

将专为饲养鱼类制成的光合细菌母液和好氧菌母液注入有水蚤的鱼缸后，水蚤会迅速繁殖。水蚤能够为淡水鱼及其他水生生物提供较充足的营养及活性，是鱼类爱好者的珍宝。但是，却没有一种确定的方法能够培育水蚤。提起培育水蚤的方法，每个人的说法都不一样，无法判断哪种方法更加合适。我曾将了解到的所有方法都试过一遍，但全部失败，只能暂时放弃。

我再一次将偶然间发现的水蚤培育方法付诸行动。我将迄今为止听说过的所有有效的培育方法，以及我学到的知识汇集在一起，用好氧菌母液和光合细菌母液作为养料，反复进行试验。这与之后取得专利的青木式水蚤连续培育系统有莫大的联系。

第4章
在鱼缸中打造河流和湖泊
（淡水鱼篇·热带鱼篇）

1. 饲养淡水鱼时需要准备的物品

自然的河流、湖泊、海水中，充满了通过细菌层后涌出地表的地下水。

这些细菌能够分解生物残骸和鱼类排泄物等污染水源的物质，将它们进行无害化处理。总的来说，细菌种类繁多，自然界中仍存在众多未知的细菌。

其中，乳酸菌、酵母菌、纳豆菌、光合细菌等不会对生物造成危害，还能够净化水质，创造适合水生生物生存的环境。利用这些细菌，能够再现自然界的净化作用，创造出无限接近自然界的环境。

淡水鱼是指一生或大部分时间生活在河流和湖沼中的鱼类。

准备物品

· 鱼缸

· 泥土（颗粒状泥土和粉末状泥土）

· LED 灯

· 增氧设备

鱼缸的样式不限。泥土需使用带有好氧菌和厌氧菌的吸附性泥土。泥土分为营养性泥土和吸附性泥土，其中营养性泥土已经添加有细菌和营养成分。我使用未添加营养成分的吸附性泥土，是为了将细菌吸附、安置在其中。LED 灯能够促进水草和藻类生长，所以最好能够备上。增氧设备则是好氧菌母液中好氧菌所需的设备。

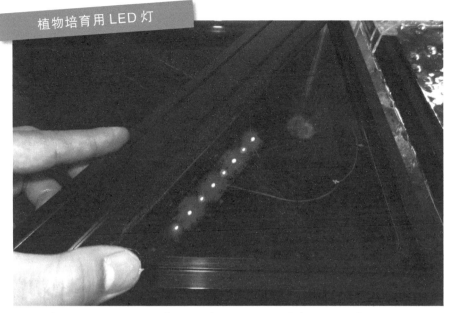

植物培育用 LED 灯能够促进水草的光合作用，使植物健康生长。光合作用得到增强还能提供更充足的氧气。

优良的水质环境中绿油油的水草

碧绿的水草充满活力。水草如此健康，说明水质优良。

2. 淡水中的泥土

将泥土分为 2 层，再现自然净化环境

营养性泥土中含有细菌，但无法准确得知其中含有哪种细菌，因此要使用吸附性泥土。

为了在泥土中制作厌氧层和好氧层，最好能够使用细腻的粉末状泥土。

在最底层铺 2cm 厚的普通泥土（细小颗粒状），然后加入光合细菌母液。为了让光合细菌母液能够充分渗入泥土，稍微多倒入一些。光合细菌母液渗入泥土后，铺第 2 层粉末状泥土。

光合细菌母液含有厌氧性细菌，因此粉末状泥土像是盖子一样，起到了隔绝氧气的作用。

第 2 层泥土也铺 2cm 厚，铺好后在中央倒入 10mL 好氧菌母液。好氧菌母液含有好氧菌，因此没有必要用泥土层覆盖。

泥土层铺好后开始注水。注意不能直接往第 2 层泥土上注水，不然土层会崩塌。因此需要在土层上铺一层塑料薄膜，然后再慢慢注水。

注水过程十分重要，请谨慎进行。最好是使用木碗之类的物品，从中心开始慢慢倒水。注水完成后，慢慢取下塑料薄膜。

这样注水不会造成泥土飞溅，当天就能够在透明的水中饲养鱼类。泥土造成的浑浊的水会逐渐恢复透明，因此无须担心。

① 向最底层泥土中加入光合细菌母液

在最底层铺 2cm 厚左右的颗粒较小的泥土，然后让光合细菌母液渗入泥土中。

② 向第 2 层粉末状泥土中加入好氧菌母液

在最底层泥土上铺 2cm 厚左右的粉末状泥土，然后加入 2 瓶盖好氧菌母液。

③ 盖上塑料薄膜后注水

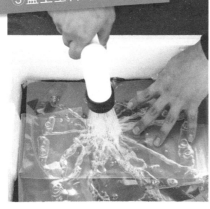

铺上塑料薄膜，注意不要弄塌土层，然后慢慢注水。

④ 去掉塑料薄膜

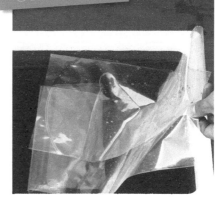

轻轻去掉塑料薄膜，这样土壤在被水浸湿的同时不会四处飞溅。

养鱼的时候，可以在鱼缸内布置一些装饰物。我经常使用沉木，沉木是一种可以单独使用的装饰物。随着藻类的繁殖，沉木变绿，鱼缸里的环境也焕然一新。

另外，我有时也会在沉木上缠绕水生苔藓。沉木不仅是鱼缸内的装饰物，还是鱼类的隐蔽巢穴。选择沉木时，请尽量选择不会弄伤鱼儿的圆形沉木。

将水生苔藓用铁丝缠绕在沉木上，能够更好地营造自然氛围，这样也不会妨碍其繁殖。

水生苔藓以外的其他淡水水草也会在光合细菌母液的作用下愈发青翠。另外，进行水草养殖时也可以使用光合细菌母液，如在养殖凤眼蓝的时候，可以每天加入光合细菌母液，使其根部更加稳固，生长得更加健康。

将底层材料当作滤材，像底部过滤器一样进行过滤的方法叫作"底部过滤"。根据不同的水循环方式，底部过滤也有许多种。本书中利用的吸入式过滤方法并不需要过滤材料。

这种吸入式过滤方法不需要底部过滤器，但是为了让光合细菌母液中厌氧菌的效果能够在水中扩散，也可以使用过滤器。

加热器的作用是能够将水温保持在一定温度，合适的水温不仅能够减轻鱼类的压力，还能让鱼群在冬季时更加活跃。

此外，使用 LED 灯等灯光设备，即使在冬季，也能够制造出春夏一般的水环境，让鱼类愉快地繁殖。

过滤设备

上图中的过滤设备可以代替换气设备，看上去很不错。

加热器

上图为加热器。我只在饲养热带鱼的时候使用加热器。

水草

水草可以将鱼缸装扮得十分漂亮。但是要注意，太脆弱的水草会将鱼缸染成茶色。

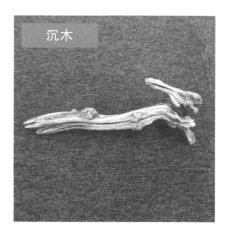

沉木

上图为沉木。为了不弄伤鱼儿，需要将尖锐的部分磨平，并除去味道。

4. 鱼缸制作完成

鱼缸中加入的好氧菌母液含有好氧菌，稍稍打开增氧设备就能很快见效，因此使用这种方法时应尽量将增氧设备的功率调小。

底层的光合细菌被第 2 层的粉末状泥土覆盖，处于缺氧状态，待它们活跃后，会慢慢渗至水中。

吸入式底部过滤器能够帮助光合细菌母液发挥效果，但在自然状态下光合细菌母液也能够发挥功效，所以不使用过滤器也能够正常饲养鱼类。

在鱼缸制作完成当天放入闯缸鱼，观察水质变化。以我的经验来看，当天几乎不会出现任何状况。

1~2 周后，就能制作出自然净化鱼缸。

若是引入水蚤，就能够更加详细地确认细菌环境和水质。在鱼缸中放入水蚤后，能够凭借双眼来观察水质的变化。

在鱼缸制作完成当天放入水蚤，经过 2~3 天后，如果水蚤能够健康地活动、繁殖，那么可以确定水的环境安全。

水蚤相比鱼类而言，对于水质的变化更加敏感、脆弱。因此，水蚤能够健康活动的水的环境，水质一定没有问题。

之后放入闯缸鱼，这样的水的环境几乎不会对鱼类造成负担。

如果鱼类产生的排泄物和饵料残渣生出的毒素能够被自然净化，那就说明鱼缸中已经形成了完整的自然净化环境。

这种方法若是进行得顺利，则水中的亚硝酸盐浓度几乎不会上升，饲养环境已然协调、完善。

顺 序

①鱼缸灭菌。

②在底层铺上颗粒较大的泥土，将光合细菌母液均匀地倒入泥土里。

③在第 2 层铺上粉末状泥土，倒入少量好氧菌母液。

④盖上塑料薄膜，防止泥土被冲散，然后倒入除去次氯

　　酸钙的水。

⑤安装增氧设备。

⑥放入水蚤，检查水质。

① 在底层泥土中放入光合细菌

② 向第 2 层泥土倒入好氧菌母液

在泥土中放入足够多的光合细菌。

倒入少量好氧菌母液，30L 的鱼缸只需 2 瓶盖。

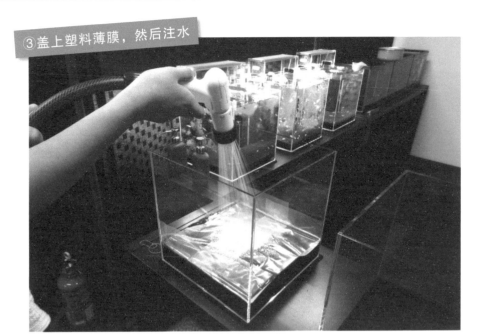

在泥土上盖上塑料薄膜，然后慢慢注水。

④安装增氧设备

注水后安装增氧设备，稳定水的环境。

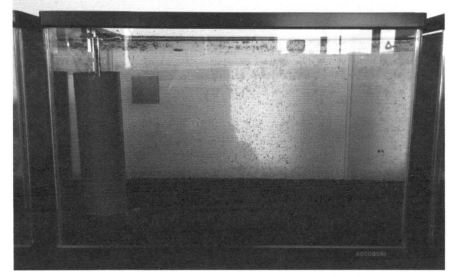

完成后，确认鱼缸中是否含有水蚤。2~3 天后，如果水蚤能够健康地存活，则表明水的环境是良好的。

⑥2 周后

经过 2 周，水的环境完全稳定了，并且长出了绿藻。

5. 启动鱼缸 1~2 周后

制作完成的鱼缸

制作完成后，每天加入细菌，只需要足够的水便能正常饲养。

长出绿色藻

良好的水质会长出绿色藻。如果水质恶化，则长出的是茶色藻。

我们可以通过水蚤来用观察水质，然后放入闯缸鱼。经过 1~2 周后，拥有自然净化系统的鱼缸便制作完成了。

要判断自然净化系统是否形成，可以利用亚硝酸盐测试器来测试亚硝酸盐的浓度。一般情况下，放入鱼后，亚硝酸盐浓度会在数天内上升，这是因为饵料残渣和鱼类排泄物最终变成了毒素。如果鱼缸内未能检测出亚硝酸盐，则说明毒素已经被细菌分解。

放置一段时间，鱼缸的净化作用会更加高效。在数天内，我们一边观察水蚤的状态，一边进行饲养，就能够在极短的时间内制作出既简单又安全的鱼缸。

水蚤若能够健康活动，说明氨和亚硝酸盐已经被自然转化了，水质状况非常好。

拥有自然净化系统的鱼缸不用换水，只需要补充蒸发掉的水分即可。频繁换水会造成水的环境突然改变，给鱼类生存带来压力。特别是一些小鱼，换水后会变得没有精神。

鱼缸内出现白浊现象

若水变得白浊，说明细菌没有发挥作用，此时鱼儿都沉在水底，不会在鱼缸中游来游去。

细菌没有正常发挥作用的情况

制作自然净化鱼缸时，最重要的是不能破坏底部的细菌层。

如果制作完成的鱼缸不能正常发挥作用，通常是细菌或者过滤出现了问题。在这种情况下，水通常会变得白而浑浊。

此时，若是想要尽快改善水质，并使水逐渐恢复透明状，可以将变白的水换掉一半，但请在数天后换水。换水后，按照 5∶1 的比例加入光合细菌母液和好氧菌母液。

加入两种菌液后，水的透明度会提高，细菌也会开始活动。

如果没有检测出毒素，则尽量每天加入 10mL 光合细菌母液。好氧菌母液可以每周或每两周加入一次。

这样则不需要再进行换水，细菌即可完成净化水质的工作。只需要用除去次氯酸钙的水，将蒸发掉的水分补充即可。

金鱼

金鱼的饲养方法

金鱼多喜好温暖的环境，且对水温的要求较高，冬天可以使用加热器。

金鱼容易饲养，且品种丰富。

饲养金鱼时最值得关注的是，金鱼的体形较大，饲养时不能过于密集，需要为其保留一定的生活空间，在10L水中饲养2条左右最为合适。

很多人在逛庙会时都会玩"捞金鱼"的游戏，但请不要直接将通过这种方法得到的金鱼放入鱼缸，应先观察1周左右。有的金鱼带病，需要先进行护理，才不会让病原菌入侵鱼缸。护理的方法是用浓度约为0.5%的盐水饲养，并观察2周。

井水和河水中含有许多杂菌，因此最好不要使用。先除去自来水中的氯化钙，以打造完善的细菌环境。

金鱼带有鱼腥味，但在自然净化鱼缸中饲养几乎不会有味道。

另外，利用细菌来进行饲养，能够让鱼鳞和鱼鳍更好地生长。

饲养金鱼的诀窍是在10L水中加入20g左右的盐。其他淡水鱼也能够使用这种方法，0.2%左右的浓度能够使鱼类健康地生存。

饲养金鱼时请使用增氧设备。

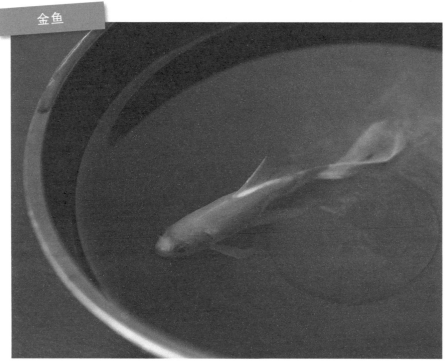

在自然净化鱼缸中饲养的金鱼，鱼鳍和鳞片的色泽不同。

要点

● 改善细菌环境：必须除去自来水中的次氯酸钙。

● 调整浓度：向 10L 水中加入 20g 左右的盐（浓度约 0.2%）。

● 管理水温：金鱼畏寒，冬季需要设置加热器。

● 氧气供给：金鱼需要较多的氧气，必须在鱼缸中安装增氧设备。

● 检查病原菌：参照第 144 页介绍的方法来购买金鱼。

日本藻虾

日本藻虾的饲养方法

饲养小型淡水鱼的时候，为了让鱼缸看起来更加豪华，可以混养一些虾类。然而，单独饲养小型虾类也是一件很有趣的事。

日本藻虾体长 2~3cm，体形较小，寿命约为 1 年。

日本藻虾是日本的特有物种，所以能够适应日本的气候，饲养水温适合控制在 5℃ ~28℃。

此外，虽然日本藻虾是夜行动物，但水温在 20℃ ~25℃时，白天也会出来活动。其繁殖能力较强，因此虽然它们寿命短，但鱼缸中的数量仍会持续增加。

自然净化鱼缸中铺有泥土，可以作为虾类的栖息地，同时也是细菌的栖息地，这样的环境对日本藻虾来说最适合不过了。

虾类需要充足的氧气，所以需要注意好氧菌母液的使用量。

光合细菌母液能够净化水，也能够帮助虾类成长。

市场上可以买到虾类专用的沉淀性饵料，但它们也以水草和藻类为食，因此只需要喂食极少量的饵料。2 天投喂一次，并控制好喂食量。经过 12 小时后如果仍有饵料残渣，则说明喂食过量。

日本藻虾可以和其他淡水鱼一同饲养，但只能是小型鱼类，也不可以和金鱼一同饲养。

此外，日本藻虾比鱼类对水质更加敏感，水质较好的环境中虾的足部会频繁摆动，而水质恶化后其足部几乎停止活动。饲养时一定要注意这一水质恶化的信号。

日本藻虾

日本藻虾在水质较好的环境中会反复蜕皮，迅速成长。饲养在这样的环境中，其体色也会非常漂亮。

要点

● 氧气的供给:饲养日本藻虾需要充足的氧气,因此不要加入过多好氧菌母液,

　同时应安装增氧设备。

● 设置可以隐藏的巢穴 :应设置水生苔藓和沉木。

● 混养时需注意:不要和大型鱼类混养。

红绿灯鱼

红绿灯鱼的饲养方法

红绿灯鱼是鲤形目脂鲤科的鱼类，它们栖息在热带，是亚马孙河上游区域的原产热带鱼。

亚马孙河的河水属于弱酸性的软水（译者注：软水是指不含或含有少量可溶性钙、镁化合物的水），所以亚洲的大多数水都可以用来饲养红绿灯鱼（顺便说一下，自然净化鱼缸的水介于弱酸性和中性之间）。

红绿灯鱼体长约3cm，性情温厚、胆小。体形和水温合适的情况下，其可以和其他淡水生物混养。我在自然净化鱼缸中同时饲养了日本藻虾和红绿灯鱼。

红绿灯鱼是热带鱼，所以要用加热器将水温控制在20℃~28℃。

日本藻虾也能够适应这种水温，在这种能够提高动物活性的水温环境下，可以和红绿灯鱼一同健康成长。

可以给红绿灯鱼喂食鱼虫，也可以将小型鱼专用的干饵料切碎后喂食。

雄性红绿灯鱼的鱼鳍比雌性大，这是分辨雌雄的方法。另外，雌性红绿灯鱼的背部中心呈纯黑色。

繁殖时雌性先排卵，然后雄性排精。在这种奇怪的体外受精的繁殖方式中，如果雌性数量多于雄性，则受精率会下降。

其孵化时间不到24小时。刚孵化的鱼非常小，这时细菌就成了最好的饵料。确定孵化后请多加入一些光合细菌母液。

红绿灯鱼体形很小，所以在售卖时，通常会在较小的空间里饲养多条。但是，在家中饲养时请不要这样做。通常1L水中饲养2~3条最为合适。

购买时，请先确认鱼缸内没有病鱼或体形消瘦的鱼。

红绿灯鱼

红绿灯鱼能够适应水温变化较大的情况，是生命力较为顽强的鱼类。

要点

● 水温的控制：红绿灯鱼是热带鱼，所以请将水温保持在 20℃ ~28℃。

● 孵化时的注意事项：多加入一些光合细菌母液。

● 氧气的供给：安装增氧设备，不要在较小的空间内饲养多条红绿灯鱼。

● 检查病原菌：购买时不要忘记检查鱼是否带有病原菌

（详见第 144 页）。

孔雀鱼

孔雀鱼的饲养方法

孔雀鱼是最有名的热带鱼之一，它们喜欢弱碱性水。

日本的水是中性的，且自然净化鱼缸制作完成后，水质偏向于弱酸性。从这一点来考虑，或许自然净化鱼缸并不适合饲养孔雀鱼。

但是，孔雀鱼也可以在中性水中生活，只要不使用酸性土壤就没有问题。

它们拥有较大的鱼鳍，不喜欢具有流动水的环境，所以使用增氧设备时，请将功率调小。

理想的饲养孔雀鱼的水温为23℃~26℃。

孔雀鱼是卵胎生鱼（不产卵，在雌性体内受精，然后孵化成幼鱼），所以它们不产卵，直接生出幼鱼。

推荐使用市场上销售的孔雀鱼专用的繁殖箱。

孔雀鱼会捕食刚刚出生的幼鱼，因此生产后必须将成鱼转移至其他鱼缸。

在饲养孔雀鱼时通常需要使用过滤器。过滤器可以让鱼缸中的水循环流动，防止排泄物和饵料残渣在鱼缸中停留，还能够除去看不见的污物，使水保持干净。但是，过滤器也会吸入幼鱼，所以在饲养幼鱼时不宜安装。

关于这一点，自然净化鱼缸利用细菌净化水，并不需要过滤器，可以放心地饲养幼鱼。

过滤器还会引起水流动，而孔雀鱼并不擅长应对水流。因此使用自然净化鱼缸饲养孔雀鱼更为简单，只需注意水的 pH 值即可。

很多人喜欢孔雀鱼，它们的形态、色彩各不相同，鳞片形状多变。

要点

● 喜欢弱碱性水：不要使用酸性土壤。

● 氧气的供给：将增氧设备的功率调小。

● 水温的控制：孔雀鱼是热带鱼，需要将水温保持在 23℃~26℃。

● 生产时的注意事项：为其准备专用的繁殖箱。

[自然界外的混合饲养]

饲养淡水鱼时存在众多的可能性，原本在自然界中不能生活在一起的物种，也可以通过调节水温和水质等实现混养。

我尝试过将许多不同的鱼混合饲养，结果都成功了。

此外，还需要考虑不同鱼类的大小和性格。

来自不同原产地的鱼，也可以饲养在一起。在进行试验时，虽然红绿灯鱼和日本藻虾的原产地不同，但视觉效果非常好，它们在性格方面也很合适混合饲养。

虽然有了这样的发现，但最后我还是将日本藻虾和青鳉养在了一起。

其实鱼的原产地虽然各不相同，但地球上水的净化作用却是相同的。水的净化系统能够保证水质安全且富有营养，这是所有饲养场所都必须关注的要点。

我殷切地希望能够将这一净化系统普及给更多人。

第5章

专利技术
青木式水蚤连续培育法

1. 挑战连续培育水蚤

我在研究过去水田中的肥料和水质时，制作出了自然净化系统，在其中加入水蚤后，偶然发现水蚤进行繁殖了。水蚤是鱼类的重要饵料，也是营养价值最高的饵料之一。在小型鱼缸中饲养原生生物，其经常会突然全部死亡。因此，只能在较大面积的积水中培育水蚤。而我要挑战在小型鱼缸中培育水蚤。

关于培育水蚤的课题

在对水蚤的特性进行调查后，我明白了许多事情。

水蚤出现在水田、河流等的积水处。

强烈的水流会对水蚤造成伤害，甚至致其死亡，因此它们栖息在较为平缓的河流中，以及水田等的积水处。

自然界中的积水处有足够的氧气供给，若是不能在小型鱼缸中再现这样的环境，就无法培育水蚤。氧气供给需要使用增氧设备，使用增氧设备就会在鱼缸中引起水流。在查阅饲养水蚤的资料后，我确定了水流和氧气是培育水蚤的重点。

关于培育水蚤的饵料，过去的研究显示，酵母菌能够促进其繁殖。

过去的肥料中含有丰富的酵母菌，同时光合细菌也会在自然界中的积水处繁殖，并起到净化水质的作用。因此，我认为可以将好氧菌母液和光合细菌母液混合后加入，作为水蚤的饵料。

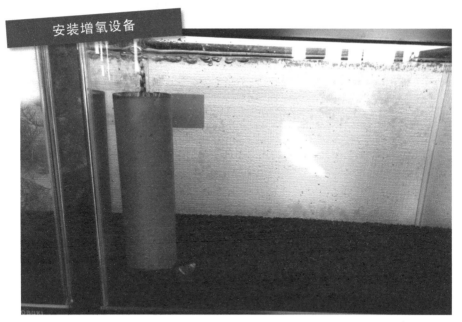

在筒中放入气泡石以供给氧气，这样不会出现水流，且能够在水面附近提供氧气。

水蚤繁殖时的样子

足够的氧气和适量的饵料就能够让水蚤繁殖。

2. 连续培育水蚤的方法

为了解决水流和氧气的问题，我准备了 30cm 高的鱼缸和 20cm 高的筒。将筒放入鱼缸中，再将增氧设备放入筒中。将筒固定在水面下 1cm 处，这样一来，只有水面会不断翻动。

不需要特别注意增氧设备的功率，但至少应让水面能够泛起波纹。这样鱼缸内的其他部分便不会出现水流，氧气会从筒的上部扩散至水面，然后进入水中。

确认鱼缸中充满氧气后再放入水蚤，然后分别倒入 10mL 好氧菌母液和 10mL 光合细菌母液，作为水蚤的饵料，再观察一段时间。

此时，鱼缸内没有出现水流。第 2 天同样分别倒入 10mL 好氧菌母液和 10mL 光合细菌母液，继续观察。到了第 3 天，水蚤开始繁殖。水蚤一旦开始繁殖，便可以放心了。

但在第 4 天时，会发现水蚤的数量骤减。这是由于水蚤繁殖过量，导致其排放出了抑制繁殖的物质。

1 只水蚤繁殖一次可以变成 8 只。数万只水蚤一次性繁殖增加 7 倍，其数量会变成一个天文数字。

对于繁殖过量问题，可以进行间苗，即繁殖后，将一部分水蚤转移到另一个带有同样设备的鱼缸里。第二批、第三批水蚤繁殖后同样如此。在这个过程中，我突然想出了连续培育法。

将水蚤移动到其他鱼缸时，将其用网子捞起后，先放进除去次氯酸钙的水中，然后再放入鱼缸中。这是因为在培育水蚤的同时，草履虫等其他原生生物也会一同繁殖，会阻碍水蚤的繁殖。

这一方法得到了认可，成了专利技术。

培育步骤

①使用筒

将增氧设备放入筒中，筒的上部冒出氧气，形成水流涌出的状态。

在水蚤培育专用筒里设置好增氧设备

②加入光合细菌母液和好氧菌母液

将光合细菌母液和好氧菌母液按照1：1的比例加入。如果想要促进繁殖，可以多加入些适合的成分。

③水蚤的繁殖

水蚤开始繁殖。确认繁殖后，为了保证氧气充足，用网子捞出一部分水蚤。

④将水蚤放进水中过滤

准备好去除次氯酸钙的水，将捞出的水蚤放进水中。草履虫会阻碍水蚤繁殖，这一步骤可以分离水蚤和草履虫。网子里只剩下水蚤，而比水蚤小的草履虫会顺着网眼进入水中。

⑤活用草履虫水

筛选完水蚤的水中含有大量草履虫，这种水可以用来饲养幼鱼。

⑥将水蚤放进另一个鱼缸中

放入水中过滤后，再将水蚤放入新的鱼缸，如此一来，新的培育便完成了。重复以上工序，以进行水蚤的持续培育。

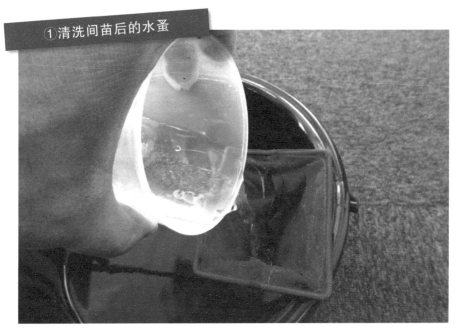

用网子捞出部分水蚤。

②清洗水蚤

将水蚤放进除去次氯酸钙的水中。过滤水蚤后的水中含有大量草履虫，可以继续利用。

③除去草履虫

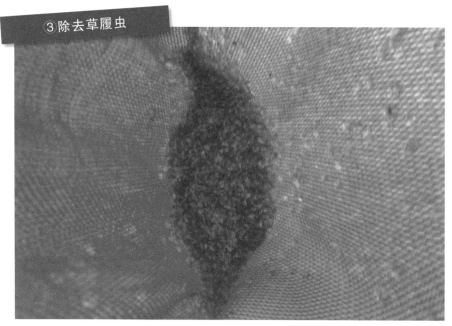

在水中过滤，除去草履虫（草履虫会附着在水蚤周围，阻碍水蚤繁殖）。

④新的培育鱼缸

将过滤后的水蚤转移到新的鱼缸中，继续培育。

步骤 1

好氧菌母液　　光合细菌母液

第一个鱼缸制作完成

①参考第 64 页设置鱼缸，将增氧设备的功率调小。

②倒入好氧菌母液和光合细菌母液。

③水蚤开始繁殖。

步骤 2

④准备干净的鱼缸。

⑤将除去次氯酸钙的水装进桶里。

将部分水蚤放在水中，过滤掉草履虫。

步骤 4

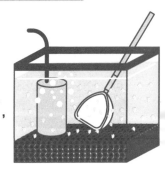

⑧向干净的鱼缸中倒入干净的水，再放入过滤后的水蚤。

作为幼鱼的饵料

⑦过滤后的水还
有别的用处，不
要倒掉。

放入过滤后的水蚤

步骤3

⑥将水蚤放进除去
次氯酸钙的水中，
除去草履虫。

⑨为繁殖后的水蚤
准备的新鱼缸。

新的鱼缸制作完成。
水蚤繁殖后再移动到
第三个鱼缸。如此反
复操作，可以连续培
育水蚤。

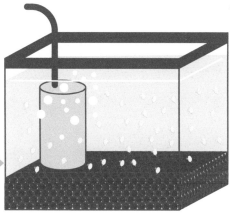

第二个鱼缸
制作完成

连续培育水蚤时，要将水蚤过滤后再放进培育鱼缸中。

我先将水桶（容量约 20L）装满水，然后用网子捞出水蚤，将其放进水桶中过滤掉草履虫等原生生物。将网子放入水中左右摇晃、抖动，重复 5~10 次后，虽然肉眼看不到，但草履虫等原生生物已经进入水桶中（水桶中的水一定要除去次氯酸钙）。

草履虫附着在水蚤周围，如果不进行这一步骤，则会影响水蚤的繁殖率。

过滤后的水中含有大量草履虫等原生生物。

通常使用淘米水来培育草履虫，但这种方法需要耗费 1 周时间。在这 1 周内，水质会因为草履虫的繁殖而恶化。

草履虫等小型原生生物几乎小到不能用滤网捞起，因此通常需要连同过滤水一起倒入鱼缸中。

草履虫可以当作幼鱼的饵料，这是不争的事实。但是，将草履虫和恶化后的水一同倒入鱼缸，这对于体质较弱的鱼类来说绝不是好事。

所以，在进行水蚤的连续培育时，过滤水蚤后，需立即将带有草履虫的水倒入幼鱼的鱼缸中。

这样的水不仅新鲜，还富含大量原生生物。这是我在培育幼鱼时使用的方法，这一方法对于提升幼鱼的存活率和促进幼鱼的成长效果显著。

这种水适合所有的鱼类，这些微生物对所有幼鱼都有好处。

过滤水蚤的水中含有大量草履虫，但草履虫非常小，无法用肉眼观察。草履虫水若放置时间太长会使水质变差，对鱼类不好，所以需要立即使用。

新鲜的草履虫对幼鱼有益

用滴管吸入带有草履虫的水，注入幼鱼的鱼缸中。

酱油渣

可以从酱油制造商处低价收购酱油渣。

酱油渣的使用方法

将酱油渣装进茶叶包中，浸入含有水蚤的鱼缸中。

水蚤繁殖的必要条件是"悬浊性"。所谓悬浊性，是指水浑浊的状态。

为了制作悬浊水，我将酱油渣晾干后捣碎。将捣碎的酱油渣装入茶包，渗入足量的好氧菌母液，让茶包浮在水面，每天加入足量的光合细菌母液即可。这样一来，水蚤便能顺利繁殖。为了保持悬浊性，需每天进行搅拌。

想要提高繁殖率，应每3天一次，将渗入好氧菌母液的酱油渣茶包放入鱼缸中，浸泡1天后将茶包丢掉。

这种饵料中含有大量好氧菌，因此必须安装增氧设备。

5. 室外培育

水蚤的连续培育系统最好放在室内，但如果条件不允许，也可以在室外进行培育。

水蚤在25℃~28℃的水温下繁殖能力最强，水温降至20℃以下时会停止繁殖，因此保持恒温很重要。

为了让水蚤繁殖，需要稳定的水的环境，即除去次氯酸钙的水。

进行室内培育时，鱼缸底部不需要铺设沙砾。但室外的水温容易受到天气因素的影响，为了稳定水的环境，需要铺设能够让细菌存活的赤玉土等泥土。

首先，准备60L的容器。在容器中铺设数厘米厚的赤玉土，倒入光合细菌母液，让光合细菌母液完全浸湿土壤。接着倒入50mL好氧菌母液，再慢慢注入除去次氯酸钙的水。

虽然可以在第2天放入水蚤，但我们需先将鱼缸放置几天，观察水的状态。

鱼缸中含有光合细菌母液和好氧菌母液，基本可以确定这就是培育水蚤所需要的稳定的水的环境。

加入水蚤后，水蚤不会立即开始繁殖。不断地在鱼缸中加入光合细菌母液和好氧菌母液，1周后，水蚤的数量会增加5倍以上。水的环境完全稳定后，其繁殖率也会上升。进行室外培育时，氧气含量也是很重要的因素，供氧时不要忘了用筒罩住增氧设备。

进行室外培育时，浮游生物会过量繁殖，并争夺鱼缸中的氧气，因此要适当地进行分隔。想要促进繁殖的话，可以使用加热器，将水温保持在25℃~28℃。室外环境的话，4~7月最适合水蚤繁殖，但要注意夏季的高温天气，水温超过30℃时，水蚤会大量死亡。

室外水蚤培育法

铺上赤玉土。赤玉土是多孔物质，易于细菌存活，能维持稳定的水环境。另外，赤玉土也较便宜，很适合铺设在大型鱼缸中。

将光合细菌母液和好氧菌母液渗入赤玉土中。和普通土壤一样，用塑料薄膜盖住，再慢慢注入水，防止水变浑浊。

要点

室外培育的要点如下。

● 培育细菌环境：使用自来水时，务必除去次氯酸钙。

● 铺设土壤：应铺设赤玉土等土壤。

● 加入光合细菌母液：让光合细菌母液完全浸湿赤玉土。

● 加入好氧菌母液：向 60L 的容器中加入 50mL 好氧菌母液即可。

● 氧气供给：设置增氧设备，并用筒罩住。

● 控制水温：冬季，设置加热器，将水温控制在 25℃~28℃；夏季，注意水温不能超过 30℃时，否则水蚤会大量死亡。

6. 水蚤的休眠卵

水蚤的休眠卵

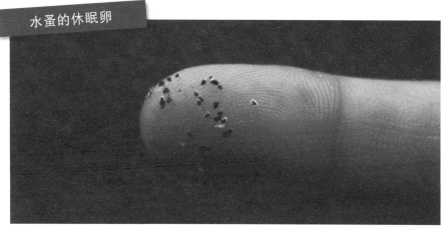

图中为水蚤的休眠卵，呈细小的黑芝麻状。

水蚤过量繁殖或环境恶化后会产生抑制繁殖的物质，从而使水蚤产出休眠卵。此外，冬季或水源干涸的时候，水蚤也会产出休眠卵，以等待春天的到来。

休眠卵会出现在水面边缘或沉入水底。如果想要采集休眠卵，可以在鱼缸布置完成后，在底层铺上较细的网。

据说将晒干后的休眠卵再次放入水中便能孵化出水蚤，但似乎也有说法称这样做并不能孵化水蚤。

在自然环境中，水源干涸后，休眠卵会变得干燥，将其放在阳光下晒 2~3 天后会完全干燥。接着，我将干燥的休眠卵放进冰箱中冷冻保存。实验结果表明，这一方法确实能够提高水蚤的孵化率。

7. 培育更利于水蚤繁殖的绿虫藻

现在还有人利用小球藻培育水蚤，而我使用的是绿虫藻，并且取得了很好的效果。小球藻只含有植物性营养素，而绿虫藻富含植物性营养素和动物性营养素。另外，动物性营养素比植物性营养素更容易被消化、吸收。

绿虫藻不仅含有二十二碳六烯酸（Docosahexenoic Acid，DHA）和二十碳五烯酸（Eicosapentenoic Acid，EPA）等动物性营养素，而且还含有大量其他类型的营养素。我所持有的专利技术也包括绿虫藻水。作为水蚤的饵料，绿虫藻不仅营养价值高，而且易于吸收，能够培育出营养丰富的水蚤。

那么，接下来就为大家介绍绿虫藻的培育方法。

绿虫藻的培育方法

绿虫藻的培育要点是灭菌、水温和阳光。

绿虫藻是处于食物链底层的微生物，因此培育时不能混入细菌。

培育绿虫藻时可以使用市场上销售的矿泉水。这类矿泉水分为硬水（译者注：硬水是指含有较多可溶性钙镁化合物的水）和软水，这里我们选择软水。

拧开矿泉水的瓶盖，倒出少量的水，然后加入对应量的种水，种水越多培育进程越快。

在1L水中加入1mL液体花肥。

然后，放入数粒生米粒，作为绿虫藻的饵料（1L水约5粒）。不一定要晒到阳光，也可以放在明亮温暖的室内（可以使用培育植物用的LED灯）。

最合适的培育温度为25℃~30℃。另外，请每天摇晃1次容器。

使用灭菌的软水，软水矿泉水最合适。

加入适量的花肥和生米粒。每天摇晃 1 次瓶子，瓶盖不要盖紧。

约 2 周后，绿虫藻培育成功，水变绿。培育完成后，每天摇晃 1 次瓶子。

经过 1~2 周，水变绿后，说明培育完成。培育完成后的绿虫藻可以作为种水继续培育下一代绿虫藻水。

将制成的绿虫藻水倒入培育水蚤的鱼缸中进行培育。与普通的水相比，这种水能够加快培育进程。

另外，绿虫藻水十分适合用来饲养幼鱼。加入绿虫藻水后，幼鱼的成长变化十分明显。

绿虫藻只有 0.05mm 大小，即使很小的幼鱼也能够捕食。幼鱼的存活率和捕食率关系密切，提早进入捕食阶段对于鱼类的成长十分有益。这种情况下，绿虫藻水的作用便显现了出来。

[水蚤的培育装置及
水蚤连续培育的专利]

　　获得专利是一项技术安全性和实际效果的最好证明。为了获得专利，需要提供大量的资料和实验结果等。在实际操作时，我未曾向代理人展示过这项技术。

　　这项专利包含细菌培育技术。

　　特许内容包括利用筒调整换气设备、细菌的培育方法、水蚤的过滤及再培育这三大技术。包含准备时间在内，我大约用了1年时间，所幸一次就通过了。

第6章

在鱼缸中打造海水环境
（海水鱼篇）

1. 饲养海水鱼的必备物品

使用自然净化系统饲养海水鱼时，必须配有鱼缸、水草泥（普通泥土和粉末状泥土）、自己喜欢的珊瑚沙、增氧设备、比重计及加热器。

这一自然净化系统不需要额外配备过滤装置，但也可以根据自己的喜好设置底部过滤装置。

迄今为止，使用溢流鱼缸建立海水循环仍是主流的方法。但是，这种方法费时费力。虽然其名字叫作"溢流"，但仍需要换水。与饲养淡水鱼相比，饲养海水鱼需要定期用液体比重计检测比重和盐分浓度。

珊瑚沙能够让鱼缸更加美观，但也可以使用泥土。纯白色的珊瑚沙十分漂亮，但随着时间的推移，会因为鱼类的排泄物而慢慢变色。

市面上能够买到专门清理珊瑚沙的工具，但有可能会破坏自然净

化鱼缸中的命脉，即泥土层，因此我没有使用珊瑚沙。

使用珊瑚沙时，可以铺厚些，清扫时只将表面清理干净即可。

混养海水鱼时，不同种类的鱼能否和睦相处，是必须注意的一点。例如，雀鲷等领地意识较强的鱼类脾气都很暴躁，如果和性情温和的小丑鱼等一同饲养，一定会出现个体受伤或引发疾病。

海水鱼虽然都是近亲种，但养在一起很容易发生争执，如人气很高的公子小丑鱼等，如果成对饲养就能避免争执。

推荐直接购买商店中成对售卖的鱼。

无论是什么品种，体形较大的鱼都会欺负体形较小的鱼，因此饲养鱼类时尽量保证其体形相近。

使用了泥土的海水鱼鱼缸

使用了泥土的海水鱼鱼缸，能轻松饲养海水鱼。

要点

● 考虑鱼类之间能否和睦相处。

● 保证鱼类体形大小相近。

● 制作使其隐蔽的巢穴。

2. 海水中的泥土

鱼缸中的珊瑚沙

在泥土上铺设珊瑚沙，营造海洋一般的气氛。

无论是淡水鱼还是海水鱼，都可以使用同一种吸附性泥土。

通常，在饲养海水鱼的时候会使用珊瑚沙等，但在自然净化系统中可以不使用。

虽然也能够使用营养性泥土，但这会使藻类生长得过于旺盛。

吸附性泥土能够使好氧菌母液和光合细菌母液的效果发挥到最大。

为什么要铺设三层泥土？除了再现自然界中的厌氧层和好氧层，还能够利用珊瑚沙，让 pH 值接近海水鱼喜好的值。

如何使用珊瑚沙

珊瑚沙容易变色，考虑到打扫等问题，请铺厚些。

珊瑚沙是将珊瑚礁碾碎后的颗粒物，以珊瑚礁为原料，含有盐分，所以不适合用于饲养淡水鱼。

珊瑚沙能够防止鱼缸中水的 pH 值降低，使其偏向碱性，提高水的总硬度（GH），不适合在酸性软水中栖息的生物。

珊瑚沙

图中为珊瑚沙，其颗粒大小可根据喜好进行挑选。

珊瑚沙层与泥土层

用颗粒较大的珊瑚沙和细小的珊瑚沙代替泥土，铺设两层。

3. 底部过滤设备、加热器、海水用海藻、沉木

图中是鱼缸的底部过滤设备，它能够吸出最下层的厌氧菌，也能够再现自然界中水流涌出地底的状态。

饲养海水鱼时可以使用底部过滤设备，但这一设备并不是必需品。底部过滤设备能够吸出厌氧层的细菌，让光合细菌母液更容易发挥效果，同时仅引起较轻微的水流，能减轻鱼类的负担。

饲养海水鱼时必须配备加热器。加热器的类型有固定式和可变温式。

固定式加热器价格便宜，其传感器在加热管内部，因此在感知加热器周边的水温时，会与鱼缸较远处位置的水温产生偏差。

与固定式加热器相比，可变温式加热器能够自由调节温度，其传感器与加热器分离，因此能够使鱼缸内的温度保持均衡。

关于加热器功率的选择，鱼缸宽度为 30cm 左右时，可选用功率为 100W 的加热器；鱼缸的宽度为 45cm 左右时，可选用功率为 150W 的加热器；鱼缸的宽度为 45cm 以上时，可安装 2 个 100W 的固定式加热器。

另外，为了让鱼缸内的温度保持均衡，可以安装多个小功率加热器。

铺设了泥土和珊瑚沙的鱼缸

铺设好泥土层后，在上边铺设珊瑚沙。将珊瑚沙层铺厚些，清扫时注意不要破坏泥土层。

鱼缸中使用的沉木

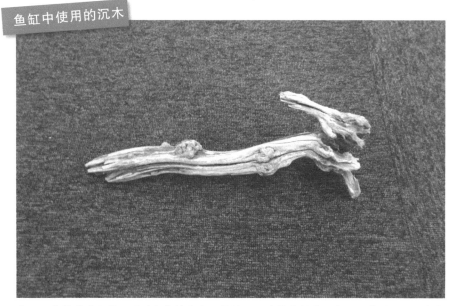

放入沉木能营造气氛，同时也能够为鱼儿提供可以隐蔽的场所。为了不伤到鱼儿，应先将沉木的边角磨平。

4. 启动鱼缸

先安装好底部过滤设备。在底层铺设 2cm 厚的泥土，倒入足量的光合细菌母液，令其充分渗透进泥土中，这样一来厌氧层便制作完成了。泥土中渗入足量的光合细菌母液后，用粉末状泥土铺设第 2 层，然后在第 2 层中倒入 20mL 好氧菌母液。

用珊瑚沙铺设第 3 层。珊瑚沙中不需要倒入好氧菌母液或光合细菌母液。饲养过程中细菌自然会栖息在珊瑚沙中。

接下来安装加热器，以保持恒定的水温。不同鱼类所需的温度不同，这一点请注意。

安装完成后开始注水。为了不破坏土层，注水前在珊瑚沙上铺一层塑料薄膜，然后再慢慢注水。

注水完成后加入盐，将浓度控制在 3% 左右。这时还没有放入鱼类。

通过底部过滤设备供给氧气。

顺序
①鱼缸灭菌。
②安装底部过滤设备。
③制作泥土层（参照第 60~61 页），然后铺设珊瑚沙。
④铺设塑料薄膜，然后慢慢注入去除次氯酸钙的水。
⑤使用液体比重计调节盐分浓度。
⑥放入闯缸鱼。

安装底部过滤设备，铺设泥土，然后注水。可以根据自己的喜好铺设珊瑚沙。

在底部过滤设备中灌入空气后，缸中的水便会循环流动。到了第2天，珊瑚沙中没有溶解的盐分也会溶解并扩散至鱼缸中，使盐分浓度提高。请务必对盐分浓度进行测量（前3天水会变浑浊）。

然后放入闯缸鱼，观察1~2周，应尽量选择雀鲷等较顽强的品种。

2周后测量盐分浓度和亚硝酸盐浓度。如果亚硝酸盐浓度过高，则加入好氧菌母液进行转化。这时，最下层的厌氧菌已经开始活动。

如果未检测出亚硝酸盐，则可以放入海水鱼进行饲养。

请及时使用淡水补充蒸发掉的水分，同时记得去除次氯酸钙。因为盐分不会被蒸发，所以如果用海水进行补充，会使鱼缸内人工海水的盐分浓度上升。

之后只需定期维护，测量亚硝酸盐和盐分的浓度即可。

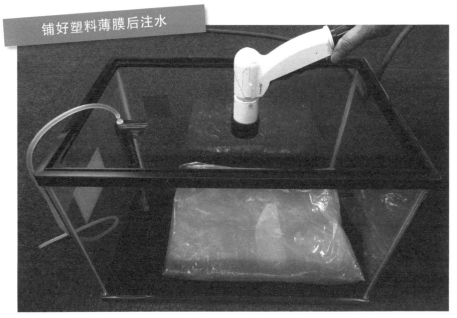

铺好塑料薄膜后注水

利用塑料薄膜防止泥土被冲散，注水时注意不要破坏厌氧层、好氧层和珊瑚沙。

海水鱼缸制作完成

图中是制作完成后的效果。第1天水会变浑浊，2～3天后恢复透明。

饲养贝类和海藻等需要安装 LED 灯，所有品种的贝类都可以饲养。

图中为 pH 值检测器。不同种类的检测器使用方法不同，这一种是在倒入被检测的液体后，滴入数滴 pH 检测液。如果水中含有亚硝酸盐，则结果会呈碱性。

5. 启动鱼缸 1 个月后

鱼缸启动 1 个月后，珊瑚沙会变成茶色，这时无须担心。珊瑚沙沾染污垢后会非常显眼，如果想要使珊瑚沙保持干净，必须进行清扫。但是，污垢中不含有有害物质，所以我并没有特意进行清扫。

另外，由于不同的海水鱼类有各自喜好的水温，因此请用加热器将水温调节至合适的温度。

除了鱼缸外，我还用大型盆饲养过海水鱼。横向观赏鱼缸固然美观，但从上向下观赏也别有一番风味，条件允许的话请务必尝试。

我现在已经整整 1 年没有换过水，只是补充蒸发掉的水分，而鱼缸中的鱼儿依然每天健康地在水中嬉戏。

利用底部过滤设备将最下层的厌氧菌通过水流吸出，与水中的好氧菌相辅相成，可以分解毒素。

这种环境能够再现自然净化的过程，在很小的鱼缸中制造生态系统。

饲养海水鱼时需要大量的水。不同品种的海水鱼有类似多少升水适合饲养多少条鱼这样的规定，但只要不过于密集，就能够做到用最少的水饲养最多的鱼。

另外，珊瑚沙与海葵都能够促进光合作用，只要有适量的水流和LED 灯等专用设备就能够饲养。

不需要每天额外加入菌液。虽然加入过量的光合细菌母液也不会出现问题，但只需数天加一次，一次加入约 20mL 即可。

在鱼缸中检测出亚硝酸盐时，应加入适量好氧菌母液和光合细菌母液（一共 20mL），这样做能够增强细菌的分解能力。

利用这种方法可以饲养任何种类的鱼。无论是玻璃鱼缸还是其他容器,无须换水就能够饲养海水鱼。

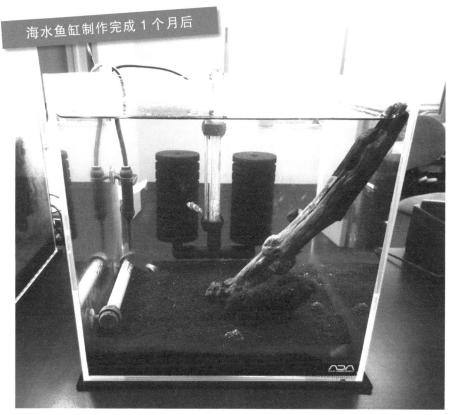

海水鱼缸制作完成 1 个月后

鱼缸制作完成 1 个月后，其底部生长出绿藻，接近自然环境，水也能够保持清澈透明。

要点

● 珊瑚沙的变化：变成茶色时没有问题。

● 盐分浓度的调整：不用换水，只需补充蒸发掉的水分。

● 加入光合细菌母液：数天一次，一次加入约 20mL。

● 检测亚硝酸盐：检测出亚硝酸盐时，加入共 20mL 的
光合细菌母液和好氧菌母液。

小丑鱼

小丑鱼的饲养方法

小丑鱼是相对容易饲养的一类鱼，也是很受人们欢迎的观赏鱼。

小丑鱼能够进行性别转换，而且新生鱼全部都是雌雄同体的。

当一条小丑鱼变成雌性时，就能凑成一对，成对的小丑鱼十分和睦；而且它们性格温和，能够和其他鱼类混养。

通常 30cm 的鱼缸可以饲养 2 条小丑鱼，但在自然净化鱼缸中可以饲养的数量更多，水中的污垢也能够被净化。不过首先应考虑其是否能够与其他鱼类和睦相处，然后再确定饲养数量。

另外，虽然可以配备过滤设备和蛋白质分离器（除去蛋白质的装置）等设备，但实际上自然净化鱼缸并不需要这类设备。

饲养海水鱼时应将温度设定为 26℃ 左右，保持合适的水温是维持鱼类生存的基本条件。

每天投喂 1~2 次，喂食的量不要过多，应保证鱼儿在 1~2 分钟内能够全部吃完饵料。

阳光对大部分生物来说十分重要，最好能够将鱼缸放在有阳光的地方。

另外，由于鱼缸内水分会慢慢蒸发，所以必须配备用于测量盐分浓度的液体比重计。

一般情况下，水分蒸发后应补充海水，但在自然净化鱼缸中只需要补充足量的淡水。因为盐分不会蒸发，如果补充海水的话，盐分浓度就会逐渐上升。

要点

- 不要过量投喂，保证鱼儿能够全部吃完饵料。
- 用淡水补充蒸发掉的水分。
- 检查盐分浓度。
- 检查水温。

图中是人气品种公子小丑鱼。饲养时需要为其提供能够隐蔽栖息的场所，同时掌握其活动特点。

饲养小丑鱼的鱼缸

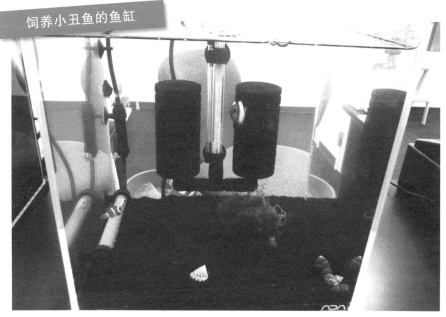

鱼类有时会互相争夺领地，所以饲养前需考虑种群间能否和睦相处。

雀鲷的饲养方法

雀鲷是新手也能轻松饲养的闯缸鱼，也是海水鱼中最顽强的一类鱼。

其能够适应刚刚启动、细菌环境还不稳定的鱼缸。

雀鲷科的大多数鱼类领地意识较强，具有攻击性，而雀鲷性格温和，可以饲养多条。

这种鱼相比其他鱼类颜色较淡，在自然净化鱼缸中十分活跃。

寄居蟹的饲养方法

通常在饲养寄居蟹时，如果没有过滤设备，水质会迅速恶化，产生氨，有可能导致寄居蟹死亡，但在自然净化鱼缸中不存在这样的问题。

增氧设备能够提供新鲜的空气，是饲养寄居蟹的必备设备。

寄居蟹生性胆小，必须有能够隐藏的场所。蜕皮时躲进岩石中能够减轻它们的生存压力。

寄居蟹能够吃其他鱼类吃剩下的饵料。虽然自然净化鱼缸内的环境能够保持稳定，但喂食过量仍有可能导致水质恶化。

随着成长，寄居蟹需要能够寄居的贝壳。因此，必须放置供其寄居的贝壳。贝壳可以在宠物店等地方购买。

如果住的地方靠近海边，也可以在海滩捡拾空贝壳，洗干净后使用。

寄居蟹

雀鲷

图中是雀鲷。其饲养难度较低，饲养海水鱼时推荐先从这种鱼开始。

要点

● 饲养雀鲷的要点如下。

其适应能力极强，但要将其饲养在适合的温度下；其性情温厚，但也有部分领地意识较强的种类。

● 饲养寄居蟹的要点如下。

不同种类的寄居蟹有其各自适合的温度，需要了解所饲养种类的特点，并避免阳光直射。

[饲养海水鱼需注意的问题]

我饲养过许多不同种类的海水鱼。以我的经验来看，让不同鱼类之间和平共处，这一点十分重要。养鱼新手可以就这一点咨询商店的店员。仅凭自己的喜好来挑选鱼类，很可能会引起争斗。

雀鲷科的鱼类虽然容易饲养，但领地意识较强，大多性情急躁。

使用人工海水时，需要用液体比重计来测量盐分浓度，使其与天然海水的盐分浓度相近。一般条件下，天然海水的盐分比重为 1.020~1.024。

市场上能够买到制作人工海水的专用盐，注意不能用食用盐代替。通常情况下，食用盐不含有鱼类和珊瑚所需的营养成分，因此严禁使用。

另外，从海洋中取得的水含有众多杂菌，使用时需注意，而市场上销售的海水已经进行过杂菌处理。盐分浓度过高或过低都不易于鱼类生存，由于水蒸发后盐分浓度会上升，我通常将盐分浓度设定在较低值。关于光合细菌母液的使用频率，使用边长为 30cm 的正方体鱼缸饲养鱼类时，我每天加入约 20mL 的光合细菌母液。

我的海水鱼缸从设置完成（2016 年 1 月）到本书付梓已有 1 年多的时间，但水依然能够保持干净。鱼缸中生长出的绿藻也无须进行清理。

第7章

观赏鱼缸的制作方法

1. 简单的就是最好的

我一直在研究如何让饲养环境接近自然环境，有时为了鱼缸的美观除去藻类，有时也会将鱼缸装饰得十分漂亮。但是，在用自然净化鱼缸进行饲养时，鱼缸中不仅鱼类的状态变好，鱼缸里的环境也变得和自然环境一样。

自然生长出的藻类，将鱼缸装饰得十分美丽，不仅吸引人们的目光，更能治愈心灵。

在饲养的过程中，我渐渐觉得各种装饰和设备有些多余，所以逐渐地减少了装饰品的使用。

我是青鳉专家，而它的饲养方法也是在不断的试验中得出的最好方法。

我几乎不参加鱼类竞赛。但在前年，自然净化鱼缸刚刚制作完成，准备发表研究成果时，我第一次参加了观赏鱼展览，并获得了全能冠军。这一自然净化系统得到了来自各方的好评。

用细菌进行饲养的方法，不仅对鱼类有益，还能使水草生长得郁郁葱葱。如果水质不好，水草会变成茶色，且容易腐烂；而健康的水草不仅颜色青翠，摸起来还富有弹性。

鱼缸制作完成后约2周，藻类便逐渐开始生长，使鱼缸美得无法形容。

再现自然环境的鱼缸，能够给所有水生生物带来好的影响。

最低限度地去除藻类

如果藻类生长得过于旺盛，可以稍稍进行修剪，只去除观赏面的藻类。

对水草使用光合细菌母液后的效果

光合细菌母液在培育水草方面效果显著，不仅能够加快其成长速度，还能使水草的颜色更加艳丽。

名水百选（译者注：名水百选，1985年3月由日本环境厅选定，以"维护状况良好"且依照"地域居民能够进行水质维护活动"为准则，在日本全国选择了100处"名水"列为推荐名单，包括泉水、河川水、地下水等）中选出的河流大多出自埼玉县，其中也包括濒危物种青鳉的栖息地。而饲养青鳉过程中最重要的点，便是用干净的水饲养，以及除去水中的次氯酸钙。然后等待细菌繁殖，水质改善后，青鳉就能茁壮成长。

干净的水环境能够减轻鱼类的生存压力。

因此，我着眼于青鳉栖息地名川中的岩石。

经过调查，那里的岩石属于多孔性物质，能够吸附、分解水中的污垢，并且富含钒，能够向水中释放青鳉喜欢的矿物成分。

将这种天然岩石磨成颗粒状，做成珠串，以最大限度地发挥作用，这便是我制作的命水石。这种命水石能够让水的环境无限接近于自然环境（不能随意采掘，我的朋友拥有山川的所有权，因此我才能够获得这种材料）。

命水石属于多孔性物质，可以当作沙砾放在鱼缸底部，石头上无数的小孔便成了细菌的栖息地。

使用命水石净化后的水经过检测后，确定符合《水道法》的水质标准，能够确保安全性。检查结果如下页表格所示。

命水石

由特殊的天然岩石打造而成，能够让水的环境接近自然环境。

使用命水石净化的水的水质检测结果（日本标准下的检测）

测定项目	测定值	单位	基准值
一般细菌	0	个/mL	100 以下
大肠杆菌	未测出	—	未测出
镉及其化合物	0.001 以下	mg/L	0.01 以下
汞及其化合物	0.00005 以下	mg/L	0.0005 以下
硒及其化合物	0.001 以下	mg/L	0.01 以下
铅及其化合物	0.001 以下	mg/L	0.01 以下
砷及其化合物	0.001 以下	mg/L	0.01 以下
六价铬化合物	0.0011	mg/L	0.05 以下
氰化物离子及氯化氰	0.001 以下	mg/L	0.01 以下
硝态氮及亚硝态氮	1.8	mg/L	10 以下
氟及其化合物	0.11	mg/L	0.8 以下
硼及其化合物	0.1 以下	mg/L	1.0 以下
四氯化碳	0.0002 以下	mg/L	0.002 以下
1，4-二氧六环	0.005 以下	mg/L	0.05 以下
1，1-二氯乙烯	0.001 以下	mg/L	0.02 以下
顺式 -1，2-二氯乙烯	0.001 以下	mg/L	0.04 以下
二氯甲烷	0.001 以下	mg/L	0.02 以下
四氯乙烯	0.001 以下	mg/L	0.01 以下
三氯乙烯	0.001 以下	mg/L	0.03 以下
苯	0.001 以下	mg/L	0.01 以下
氯酸	0.06 以下	mg/L	0.6 以下
氯乙酸甲酯	0.002 以下	mg/L	0.02 以下
氯仿	0.027	mg/L	0.06 以下
二氯乙酸	0.014	mg/L	0.04 以下
二溴氯甲烷	0.006	mg/L	0.1 以下
溴酸	0.001 以下	mg/L	0.01 以下
三卤甲烷	0.046	mg/L	0.1 以下
三氯乙酸	0.02 以下	mg/L	0.2 以下
二氯溴甲烷	0.013	mg/L	0.03 以下
溴仿	0.001 以下	mg/L	0.09 以下

3. 水草培育技术

　　饲养鱼类时，水草不可或缺。长满水草的鱼缸不仅美观，还能够营造出适合鱼类栖息的环境。

　　以鱼类排泄物和饵料残渣中的氮（细菌将氨转化为硝酸盐）和磷为营养的水草不仅能够通过光合作用释放出氧气，更有助于维护鱼缸环境。

　　光合细菌母液能够促进水草成长，让水草更加青翠，同时能够提高水草利用氮的能力。

　　如果管理不当，水草的叶子会变成茶色，最终慢慢溶解。出现这种问题可能是因为营养不足或光照不足。如果置之不理，就会造成水质恶化。

　　光合细菌母液本身具有分解硝酸盐的作用。每天向长满水草的鱼缸中倒入光合细菌母液，可以使硝酸盐浓度接近于零。

水草和藻类的养殖效果

水草和藻类能够改善鱼缸环境。良好的水质对鱼类和水草都有好处。

　　水草也有很多种类，可以培育自己喜欢的品种。我经常使用金鱼藻和爪哇莫丝（译者注：莫丝是水草养殖中比较常见的阴性水草）来打造理想的自然环境。

水草的颜色和柔韧度都有所改变。可以安装有助于植物生长的 LED 灯来增强效果。

图中为藻类生长 3 个月后的鱼缸。水中的亚硝酸盐被完全分解，这样的环境最适合鱼类生存。

4. 沉木放置技术

沉木

将沉木尖锐的部分磨平需要费一番功夫，另外还必须将沉木清洗干净。沉木上附着的杂菌会使鱼缸中的水变成浑浊的茶色。应将沉木放在水中煮过后，在水中浸泡2~3天后再使用。

在鱼缸中放入沉木，水会倾向于弱酸性，这对适应能力较强的鱼类没有影响，但饲养喜欢碱性水的鱼类时最好不要放置沉木。

沉木能够将鱼缸装饰得更加贴近自然。

沉木上生长出藻类，缠绕着茂密的水草，看上去美极了。

自然界的河流和海洋中也有沉木。虽然这是个人喜好，但我觉得沉木非常适合放置在鱼缸里。

请根据个人喜好来决定是否使用沉木。

沉木可以作为鱼类隐蔽的场所。但是，沉木尖锐的角会弄伤鱼儿，因此请购买没有尖锐边角，或边角不锋利的沉木。

起初，沉木如果没有清洗干净就放进鱼缸里，会使水变黄。

要想保持鱼缸里水的透明度，请先将沉木清洗干净。

一般的处理方法是将沉木放在水中煮沸或浸泡在水中，但放在水中浸泡需要耗费2周至1个月，因此推荐将沉木放在水中煮沸，同时还能够除去杂菌。

5. 与田螺共处

田螺

田螺净化水的作用非常强。只需在鱼缸中放入数只，就能清除污垢。

蜗牛

蜗牛卵

上图为蜗牛，下图为蜗牛卵。蜗牛非常小，但会不断繁殖，请定期清除一部分。蜗牛几乎没有改善水质的作用。

田螺有很多不同的种类，大小也各不相同。日本的田螺主要有中国圆田螺、日本圆田螺、长螺、方形环棱螺4种。

田螺属杂食性动物，通常以鱼类的尸骸及饵料残渣等为食。

另外，田螺也属于滤食性动物。所谓滤食性，是指能够摄取水中浮游的养分。将田螺放在水质浑浊的鱼缸中，只需一夜，水就能恢复透明。

田螺喜欢弱碱性环境，不能在酸性较强的鱼缸中生存。保持水呈弱碱性，田螺便能繁殖。田螺属于卵胎生动物，所以很容易判断它们是否繁殖了。

经常让人误会的是，通常附着在水草上的小型贝类模样的动物其实是蜗牛，并不是田螺。

6. 虾的培育

接下来我们来谈谈人气较高的水晶虾。

水晶虾原产自亚洲，并没有具体的产地。

目前较受欢迎的红色水晶虾，是日本饲养员培育出来的品种。

大家都知道水晶虾对水质非常敏感，尤其是水中的氨和亚硝酸盐。自然净化鱼缸中的细菌能够分解毒素，非常适合用来饲养水晶虾。

水晶虾虽然是淡水虾，但在鱼缸中若使用底部过滤设备，能够饲养得更好。

在自然净化系统中，好氧菌母液能够转化氨和亚硝酸盐，但会有硝酸盐残留物。而光合细菌母液能够分解残余的硝酸盐，使水质环境更加安全。同时再加入金鱼藻，能够进一步促进硝酸盐的分解。

金鱼藻可以作为水晶虾的栖息处，使它们能够无忧无虑地生活。

至于灯光，可以使用能够促进水草生长的 LED 灯。

鱼缸底部的泥土和玻璃面上会生长出绿藻，这些绿藻都会成为水晶虾的饵料。

为了促进其生长与产卵，可以购买专用的饵料。注意不要过量喂食，可以只喂食少量的饵料。鱼缸中的颗粒状饵料不能残留半天以上的时间。

要点

● 注意不要过量喂食。

● 注意保持水温。

● 必须有能够让水晶虾隐蔽的地方。

● 请让它们单独繁殖。

红色日本藻虾

黄色日本藻虾

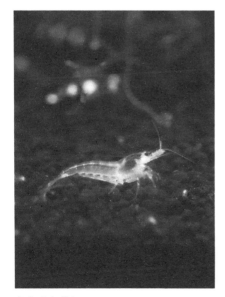

白色日本藻虾

水晶虾

我希望植物和藻类能够健康生长，所以使用了 LED 灯。

使用约 2 周后，鱼缸壁上生长出了绿藻。随着绿藻的生长，鱼缸内的环境逐渐趋向于自然环境。我觉得这种自然的状态非常美。

接着藻类也开始繁殖，在泥土中扩散。加入光合细菌母液，使藻类健康生长。藻类的生长速度很快，注意及时修剪。

灯的尺寸要与鱼缸的尺寸契合。

在饲养观赏鱼类时，LED 灯不仅能够提供照明，还能够让鱼缸更加美观。

另外，培育植物用的 LED 灯效果更好，在设置时可以根据自己的喜好进行选择。

我喜欢用较大号的台式灯。

使用 LED 灯时需要注意的是，夜间必须熄灯，鱼缸内一直保持光亮会让鱼类感到不自然。虽然也有夜行性的鱼类，但它们也需要休息。

要点

● 请根据自己的喜好选择照明用灯。

● 市面上有适配各种鱼缸的灯具，个人觉得台式灯更加适合。

● 推荐选择培育植物用的 LED 灯。

图中为培育植物用的 LED 灯。

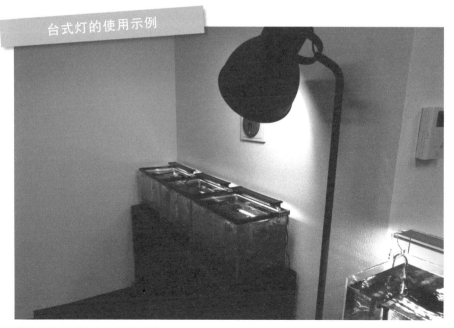

落地灯能够营造出更美的氛围。

8. 盆栽和植物

试着来制作稍有些改变的鱼缸吧。

在脑海中想象旧式的日本庭院，锦鲤在庭院中的池塘里游动，这是多么美的景色啊。试着思考如何简单地打造出这种氛围。

近年来，青鳉品种改良成果显著，拥有锦鲤一般花纹的青鳉获得了很高的人气。

这种青鳉的价值和锦鲤一样，取决于个体的花纹和体形。其中有一种非常漂亮的三色青鳉。

为了饲养这种从上方看来十分漂亮的鱼，我准备了陶制的容器作为鱼缸。

在鱼缸中建立自然净化系统，再用买来的盆栽进行装饰，然后放入三色青鳉，就可以欣赏美丽的微型日本庭院了。

将植物放进陶器中，再将鱼放在其中饲养，从上方观赏。

绿藻能够提高植物和盆栽的适配度。鱼缸中生长出绿藻后，和盆栽形成一个整体，会显得更有风味。

使用自然净化鱼缸，配合植物用 LED 灯，能够更快地生长出绿藻。

自然净化鱼缸能够分解毒素，但在极度缺水的状态下鱼类会有缺氧的危险。

1L 水适合饲养 1~2 条青鳉。

让细菌栖息在陶器中的植物上，利用细菌妥善管理鱼缸。为了减少发生水质恶化的情况，可以使用小型容器饲养鱼类。

小专栏

亚克力容器更方便拍摄。

想要拍摄在大型鱼缸中来回游动的鱼儿是一件很困难的事。如果有这样的容器，就能够很轻松地在家里进行拍摄了。

另外，还可以在小型容器中放入一两只水晶虾用来观赏。

这种尺寸的容器适合放在玄关或起居室等地方。

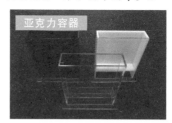

亚克力容器

将亚克力切割后制成的容器。自己动手制作饲养容器也是一件很有乐趣的事。

9. 水稻和青鳉

有一种方法可以再现过去的水田，以此来饲养青鳉。这种方法使用稻田中的土壤。可以使用塑料托盘，或是小型容器进行饲养。

铺设两层土壤，在第1层土壤中倒入光合细菌母液，再将好氧菌母液浸入第2层土壤。

然后从网上或实体店购入稻种。将稻种放入水中，再将容器放在有阳光的地方，数天后便会发芽。

发芽后将稻种移入盛有水的容器中，再放入青鳉，就可以再现昔日的水田景象。

在这个过程中可以观赏稻子的成长。青鳉也称作稻田鱼，非常适合种植水稻的环境。

在稻子收获前，这样的养殖规模看上去稍有些大，但我们的目的是养鱼，而且这种方法并不需要考虑泥土的使用量。

这种方法不仅适合饲养青鳉，还可以用来饲养鳑鲏和泥鳅。

使用稻田里的土壤

加入稻田里的土壤。向土壤中倒入光合细菌母液和好氧菌母液，然后灌水。

相比室内，将容器放在室外会更加接近过去的水田环境。

推荐使用无农药栽培的田地土壤。

需要注意的是水质需要一定时间才能稳定。可以使用亚硝酸盐检测器进行检测，在亚硝酸盐浓度降低前观察闯缸鱼的状况。另外，阳光对于培育水稻十分重要。

专栏
⑧

[制作能够混养多种鱼类的
水族箱]

　　饲养一种鱼类固然很好，但若是能够将多种鱼类混养在一起，就像水族箱一样，岂不美哉？

　　混养时必须考虑不同鱼类能否和平相处。

　　水族箱不适合鱼类繁殖，但具有极高的观赏性。

　　比如，青鳉和日本藻虾等就能够和平相处。将红色的青鳉和火红的日本藻虾饲养在一起，两种颜色互相衬托，显得格外美丽。水草和金鱼藻也很适合青鳉与日本藻虾的组合（需要注意的是，刚出生的幼虾会被青鳉当作猎物）。

　　原产地不同的热带鱼，只要喜好的水温差不多，也可以混养。在饲养红绿灯鱼的鱼缸中放入日本藻虾，就不会引起争斗。

　　我也考虑过将同一原产地的鱼类饲养在一起，只要环境适合，且不会引发争斗，就能够任凭自己的想象进行组合。

10. 小空间的培育
（1）桌面摆设

考虑到近年来的住宅情况，使用大型鱼缸饲养鱼类似乎有些不现实。自然净化系统能够除去污垢，这就使得我们可以使用小型容器来饲养鱼类。

在室内可以使用自己喜欢的容器。

小型容器的空间较小，饲养的鱼类数量不能太多，小型金鱼或青鳉等就很合适。如果想要在简单、安全的环境下进行饲养，推荐日本的淡水鱼。日本的鱼类能够适应日本的气候，但需要注意极端的温度变化。这样就可以将鱼缸放在自己喜欢的地方，无论是玄关还是窗边。

饲养热带鱼和海水鱼时，可以使用稍大一些的容器，特别是海水鱼，适合饲养在玻璃鱼缸中进行观赏。

在小型容器中饲养

因为水质不会恶化，所以可以用小型容器饲养鱼类。

饲养时必须安装加热器和增氧设备，但不需要安装排水装置等大型装置，所以仍然可以随意选择摆放场所。

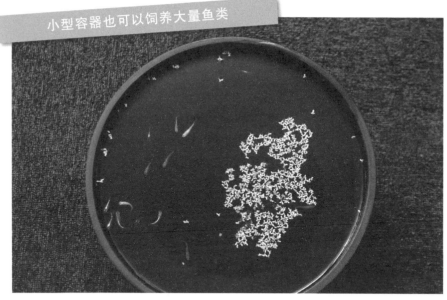

探寻金鱼的饲养方法，解锁新的乐趣。

在亚克力容器中饲养

用手工制作的小型亚克力容器饲养小虾。

在小型亚克力容器中铺上泥土，以制作细菌层（详见第 60~61 页）。

无论鱼缸大小，水的环境的打造方法都一样。

鱼类和小虾都有各自适合的水量，虽然小型容器装载的水量较少，但我们可以合理地利用细菌来净化水质。饲养小虾时，可以将水蚤一同放进水中，这样就能及时观看到水质的变化情况。

没有增氧设备时，水面可能会出现油膜，这是因为鱼缸中的细菌情况不够稳定。

随着鱼缸内环境的改变，细菌开始死亡，死去的细菌浮在水面，就会形成一层油膜。

水草也是油膜出现的原因之一。修剪水草时，剪开的茎面会出现气泡，从而形成油膜。

还有就是饵料。如果饵料中的蛋白质（油分）含量较多，残余的饵料浮在水面也会形成油膜。

有时看着可爱的鱼儿会不断地给它们喂食，而残余的饵料最终会形成油膜。

水面出现油膜时，会影响水中的氧气供给，很容易使鱼类缺氧。所以可以用增氧设备将油膜搅进水中，利用水中的细菌将其分解。这样不仅会有氧气供给，同时还解决了油膜的问题。

在不能安装增氧设备的情况下，可以用纸巾等吸附油膜，或者用网子定期搅拌水面。

有时也会出现细菌不能正常工作的情况，因此在去除油膜后，应稍稍多加入一些光合细菌母液。

适当调整细菌环境，就能够解决这一问题。

> **要点**
>
> ● 利用增氧设备去除油膜。
>
> ● 用纸巾去除油膜。
>
> ● 去除油膜后加入光合细菌母液。

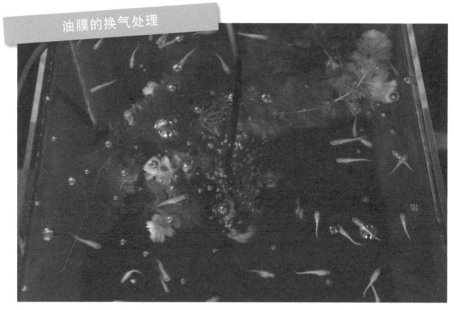

出现油膜时最好的处理方法就是开启增氧设备。水不流动时就容易出现油膜。

用纸巾处理

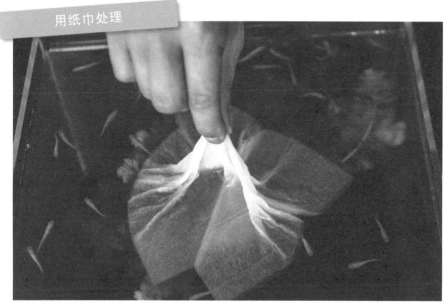

在不能使用增氧设备的情况下，可以用纸巾将油膜吸附干净，然后用网子等进行搅拌。

11. 室内饲养

正方体的玻璃鱼缸不仅方便观赏，也更适合观察鱼类的状态。

通常，人们都会用玻璃鱼缸来饲养观赏鱼。

近年来，市场上出现了各式各样的鱼缸，有长方体、正方体及圆柱体等。而我喜欢使用正方体的玻璃鱼缸。

我使用的鱼缸结构强度一般，玻璃边缘没有增设塑料，但我觉得这样看起来会更加美观。

另外,也有各种形状的睡莲盆。睡莲盆最初不是用来养鱼的，但这种容器可以容纳很多水，水质状况不容易发生变化，非常适合养鱼。使用睡莲盆饲养鱼类时，请尽量挑选开口较大的睡莲盆。

睡莲盆中水质的改善方法和玻璃鱼缸相同（详见第60~61页）。

在室内较昏暗的场所应使用 LED 灯。

水质状况较好的鱼缸内会生长出藻类，而且其生长迅速，需要定期进行修剪。

水族馆用的玻璃鱼缸有固定的规格，同时也有很多配套的灯具和加热器，可以自行选择适合饲养鱼类的器具。

虽然光照对于鱼类的饲养十分重要，但并不是说必须将鱼缸放在太阳底下。

在有阳光的白天，可以将鱼缸放在光线较好的位置，不能放在距离窗边较远、光照不足的位置。

夏季阳光直射的地方，即使是室内，也会导致水温过高。另外，球形玻璃鱼缸装水后的折射作用还有可能会引起火灾。

摆在窗边的小瓶子，宛如室内装饰一般。

饲养在亚克力容器中

在小型亚克力容器中进行饲养，可以摆放在室内的任何地方。

12. 室外和阳台饲养

在塑料容器中饲养

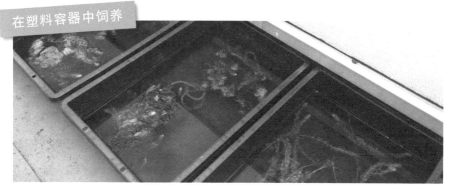

较大型的塑料容器最适合用来繁殖和饲养幼鱼。

室外不能摆放很多玻璃鱼缸。

在室外饲养时,只能用睡莲盆、塑料盆、水桶等容器。

以我的经验来看,进行室外饲养时适合使用塑料盆与塑料箱等容器,这些容器的容量为数十升,使用期限也较长。

进行室外饲养时水环境的打造方法与室内饲养相同,铺设两层泥土后制作自然净化系统(详见第60~61页)。

在室外进行饲养时,能够确保有足够宽敞的空间。另外,很多鱼虾的品类也更适合在室外繁殖。

室外塑料盆中的水变绿后,也要定期加入好氧菌母液和光合细菌母液。但水质的好坏并不能根据水的透明度进行判断。

室外的阴雨天气也会对水质造成影响,因此室外只适合饲养淡水鱼。

室外饲养的要点

使用苇帘

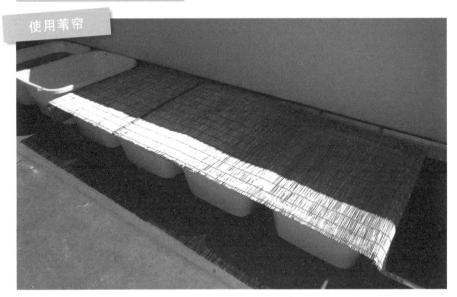

在塑料容器中进行饲养时，夏天应盖上苇帘，以免阳光直射。

培育水蚤

在较大的容器中培育水蚤，每天加入菌液，以促进繁殖。

在塑料容器中打造绿色生态

在室外的塑料容器中进行饲养时，水的颜色会变绿，所以必须定期加入菌液。

在塑料容器中打造绿色生态

加入菌液后，也能够使水草生长得更加旺盛。

光合细菌母液和好氧菌母液在植物上的实验

如前所述，我从农业肥料中获得启发，制作了光合细菌母液和好氧菌母液。光合细菌母液和好氧菌母液原本是肥料，但在本书中作为水的净化液使用。那么，这两种液体对于植物能够起到怎样的作用？我在农业方面的知识有限，所以只做了简单的实验。

首先，购买油菜种子，在盆的底层铺设命水石，让排水更加通畅。接着铺设赤玉土，在赤玉土上再铺一层腐叶土，然后种下油菜。在一个种下油菜的盆中只注入普通的自来水，另一个种下油菜的盆中倒入好氧菌母液和光合细菌母液的混合液，以及培育好氧菌母液过程中不要的残渣，然后开始实验。

混合液中好氧菌母液和光合细菌母液的比例为 1：1。混合液的原液对于植物来说浓度过高，需要用除去次氯酸钙的水按照 1：1000 进行稀释。2 天后，两个盆中的油菜同时发芽，发芽后持续观察 20 天。用自来水培育的油菜相比用混合液培育的油菜，茎部更加白细；而用混合液培育出的油菜茎部粗壮翠绿，叶子也比用自来水培育的油菜大了一圈。另外，用混合液培育的油菜的叶子与用自来水培育的油菜叶子的厚度也不同。

实验仅持续了 3 周，但实验对象已经出现了很大的差异。如果今后能够掌握合适的稀释比例，那么一定能够产生更好的效果。

用自来水培育的油菜

在室内用自来水培育了 3 周的油菜。

用稀释的混合液培育的油菜

在室内用光合细菌母液和好氧菌母液的稀释液体培育了 3 周的油菜。

购买鱼类时的辨别方法

买鱼的时候，有一些不得不注意的问题。

首先，进入专卖店后，先观察鱼缸整体，需要注意的是水的白浊等情况。水白浊，说明鱼缸中的细菌停止工作，这是新注水的鱼缸中经常出现的状况。如果继续置之不理，那么鱼类的状况会突然变差。

然后观察鱼类的活动。水质好的鱼缸中，鱼儿会来回游动；水质差的鱼缸中，鱼儿会沉在底部一动不动。如果没有白浊现象，水也保持透明，但鱼儿全部沉在水底一动不动，也不摆动鱼鳍，这说明鱼缸中的细菌没有好好工作，使鱼儿的动作变得迟缓。

一旦鱼类的动作变得迟缓，其身体也会慢慢变得衰弱。出现这种情况时，只能将鱼儿放回非常良好的水质环境中，才能让它们慢慢恢复健康。

另外，如果鱼缸中的鱼不停地来回游动，也需要注意，应仔细观察鱼儿的状态，是否有鱼鳍合拢游动的情况。

许多卖鱼的场所，鱼缸中都可能混有病鱼，其也可能患有白点病或柱状病等传染病。

为了鱼类的健康，购买时务必仔细观察鱼儿的状况。

第8章

常见问题解析

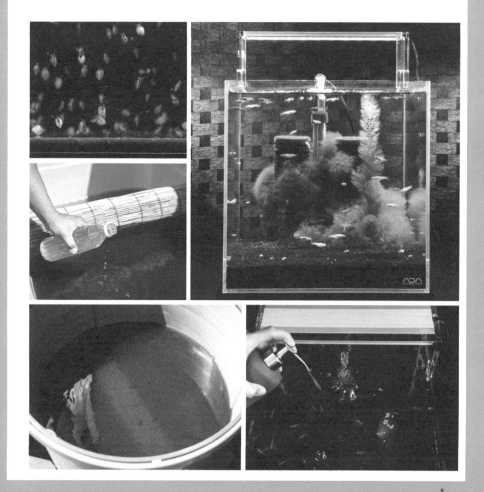

细菌篇

问题 1 菌液会不会对人体有害?

　　菌液属于发酵肥料,严格按照步骤进行制作、管理的菌液对人无害。但是,菌液并不是以食用为目的而制作的,这一点请注意。

　　制作不顺利的时候,菌液有可能会对鱼类和人产生危害。因此请及时检测 pH 值,以制作安全的菌液。

好氧菌母液和光合细菌母液

菌液虽然由安全的物质制成,但不能食用。

问题 2 菌液的保质期大概是多久?

　　菌液的保质期为 3~6 个月,过了保质期的话颜色会变淡。如果想要长期保存,可以按照本书中介绍的方法,加入蜜糖和高汤等细菌养料。

　　请不要将其放进冰箱或冰柜中保存,这样会降低细菌活性,加速变质。

光合细菌母液的变质

变质后,菌液的颜色会有所改变(左侧),此时就不能继续使用了。

问题3 有没有更简单的方法检测亚硝酸盐和盐分的浓度?

可以使用宠物店售卖的亚硝酸根检测试剂和比重计。我使用的是 Tetra（译者注：宠物用品供应商）的亚硝酸根检测试剂"Test NO$_2^-$"及液体比重计。

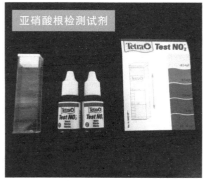

亚硝酸根检测试剂

使用亚硝酸根检测试剂，定期检测亚硝酸盐浓度。

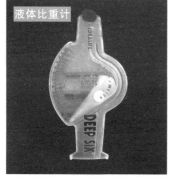

液体比重计

水分蒸发后，盐分浓度会发生变化，因此需要定期检测。

问题4 菌液为什么会变质?

如果光合细菌母液中混入了铜绿微囊藻（绿色水中的浮游植物），随着铜绿微囊藻的生长，光合细菌母液会逐渐变成绿色。

不要让其他物质混入菌液容器中。铜绿微囊藻繁殖后，菌液便无法使用了。

再次培育前必须将容器清洗干净。

不能让其他物质混入光合细菌母液中

光合细菌母液　　绿水

变色后，会降低细菌活性。

问题5 光合细菌母液变色后，会不会失效？

与好氧菌母液相比，光合细菌母液更容易变色。好氧菌母液可以使用约半年，但光合细菌母液需要尽早用完。光合细菌母液会逐渐从红色变成淡茶色，然后再慢慢变绿。若光合细菌母液变绿，则说明细菌完全死亡。

常温状态，在盖好盖子的情况下，光合细菌母液能够使用约3个月。

变绿的光合细菌母液

请不要使用变绿的光合细菌母液。

问题6 制作光合细菌母液时，如何顺利地培育细菌？

光合细菌母液中细菌的繁殖与水温有直接关系，利用加热器可以让细菌加速繁殖。冬季即使没有加热器，经过一段时间，细菌也一定会繁殖。将加热器的温度设定在30℃左右，细菌在2周以内便会繁殖。自然温度下的夏季需要等待2周时间，冬季则需要等待1~2个月时间。

检查水温

即使颜色没有发生变化，也请不要放弃，继续等待。

问题 7　好氧菌母液加多了怎么办?

　　好氧菌母液中含有大量好氧菌,繁殖时会消耗氧气,不能多加。如果不小心加多了,必须用增氧设备向鱼缸供氧。另外,光合细菌母液中含有大量厌氧菌,加多了不会出现问题。向鱼缸中同时加入好氧菌母液和光合细菌母液后的鱼缸净化效果会更好。

使用好氧菌母液时可以打开增氧设备。

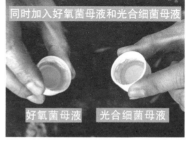

同时加入好氧菌母液和光合细菌母液,鱼缸的净化效果会更好。

问题 8　水为什么没有变透明?

　　细菌正常工作的鱼缸能够保持较高的透明度,且没有臭味。水如果变浑浊了、不透明了,则说明细菌没有正常工作。如果出现较严重的白浊现象时,请换掉一部分水。水变浑浊时,请先观察状况,细菌开始工作后,水会逐渐恢复透明。

可以利用细菌的净化作用消除白浊现象。

鱼缸篇

问题 9 手指受伤后能否接触鱼缸中的水？

自然净化鱼缸中的水是安全的，在手指有伤口的情况下请戴上塑料手套进行操作。另外，进行鱼缸清理前请先用香皂清洁双手。

手部所涂抹的护手霜等的成分进入鱼缸后会阻碍细菌活动，易形成油膜。

注意手指的伤口和污垢

在手指受伤的情况下，不能直接接触鱼缸中的水。

问题 10 鱼缸会不会散发出臭味？

光合细菌母液有一股硫黄气味，好氧菌母液有一股酸甜气味。但是，细菌在鱼缸中开始活动后会分解所有的气味，因此鱼缸不会散发出臭味。

如果鱼缸中散发出鱼腥味，说明细菌没有正常工作，一旦停止加入菌液，情况便会恶化。

这样的鱼缸不会散发出臭味

鱼缸几乎无味。如果闻到了臭味，请及时加入菌液。

问题 11　鱼缸可以放在无光环境中吗？

在有光线射入的室内进行饲养时，不应将鱼缸放置在阳光直射的地方。
将鱼缸放置在完全无光的场所里时，可以使用 LED 灯补充光线。

不需要阳光直射

不需要阳光直射。

使用 LED 灯

在昏暗的环境中使用 LED 灯补充
光线照射。

问题 12　怎样检查细菌状态？

　　检查细菌状态的方法如下：加
入好氧菌母液后，鱼缸边缘会出现
细小的气泡；加入光合细菌母液后，
水会变得更加清澈透明。

　　光合细菌母液中含有厌氧菌，
所以加多了也不会出现问题。即使
鱼缸状态良好，也可以随时添加，
这样一来鱼缸的环境会越来越好。

检查气泡和水的透明度

出现细小气泡，表明鱼缸环境良好。

水蚤培育篇

问题 13　能否大致说说水蚤的种类?

我在研究时使用的是大型水蚤和裸腹蚤。

水蚤的体形太小,1 ~ 3mm 长,肉眼难以观测。

水蚤种类很多,其中外壳柔软的水蚤最适合培育。

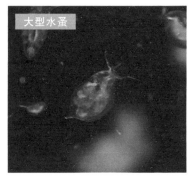

大型水蚤

大型水蚤也很容易培育成功。

问题 14　哪种水蚤更适合当作鱼类的饵料?　另外,水蚤的寿命有多长?

推荐外壳柔软的大型水蚤和裸腹蚤,它们的繁殖难度较低,且具有较高的营养价值。

可以同时培育大型水蚤和裸腹蚤,它们的寿命约为 2 周。这两种水蚤的繁殖率非常高,很适合当作鱼类的饵料。

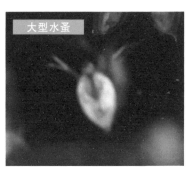

大型水蚤

任何粉饵的营养价值都比不上活的水蚤。

问题 15　可以用水蚤喂食海水鱼吗?

　　可以。水蚤很适合用来喂食双带小丑鱼和雀鲷等鱼类。水蚤本身是淡水生物,只能在海水中存活几分钟,所以需要控制喂食的量,尽量不要剩下,死去的水蚤会导致水质恶化。

以水蚤为食的青鳉

喂食 1 分钟内鱼类能够吃完的量。

以水蚤为食的公子小丑鱼

水蚤对于海水鱼类来说也是绝佳的饵料。

问题 16　怎样才能不让水蚤继续繁殖?

　　只要停止喂食,就能够让水蚤不再继续繁殖。如果放置不管,水蚤会因为水质恶化而全部死亡,所以即使不以繁殖为目的,也必须定期加入细菌液。

　　培育时应每周加入一定量的光合细菌母液和好氧菌母液,以保证水质。

　　水质稳定后,即使不继续加入菌液,也能够维持水质良好,这样一来水蚤便不会全部死亡。

　　在水蚤繁殖较多的情况下,可以打开增氧设备,加大菌液的加入量。如果只想维持良好水质,可以只加入少量的菌液。

问题 17 培育过程中，水蚤的状况为何逐渐恶化？

请先去除水中的次氯酸钙。虽然水中一定量的次氯酸钙对鱼类无害，但对原生生物来说是致命的。次氯酸钙对细菌来说也是有害物质。不需要使用药物，只需将盛水容器在阳光充足的地方放置一天，就能够去除次氯酸钙。

利用阳光除去次氯酸钙

次氯酸钙是原生生物和细菌的大敌。

问题 18 水蚤繁殖到怎样的程度才需要干预？

水蚤有时看似不再继续繁殖了，但实际上仍在大量繁殖，因此最好从开始饲养那天算起，每周进行一次干预。

水中有众多细小的水蚤，可以用肉眼确认后，再进行干预。

如果培育状况变差，水中则会出现大量白色棉絮状死去的水蚤和休眠卵。

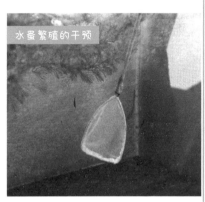

水蚤繁殖的干预

良好的水环境更为重要。

问题 19　如何培育草履虫？

草履虫是幼鱼和幼虾的早期饵料。培育草履虫时，可以用酵母菌等作为饲料。准备一个 500mL 的空矿泉水瓶，在瓶盖上开孔。

倒入 400mL 灭过菌的水，再倒入培育水蚤时滤出的草履虫水（种水），接着放入 0.2g 酵母菌（可以用市场上售卖的啤酒酵母），记得每天摇晃容器。

大约 1 周时间，草履虫便会繁殖。最合适的培育温度为 25℃。

培育水很容易因腐败等原因而受到污染。

培育时必须在瓶盖上开孔。

问题 20　应该向培育水蚤的鱼缸中倒入多少绿虫藻培育水？

可以尽量多倒些，但是培育绿虫藻也需要时间，所以个人觉得最好每天适当倒入一些。

比如，30L 的鱼缸，每天持续倒入 100mL 培育水，结果会大不相同。

绿虫藻是鱼类、水蚤、草履虫等所有水生生物的优质饵料，能够使其获得充足的营养。

培育方法简单，且效果显著。

鱼类饲养篇

问题 21　打造一个饲养淡水鱼的鱼缸大约花费多少钱?

如果使用自然净化鱼缸,至少需要准备鱼缸、灯、水草泥、饵料、细菌等物料,购置全套装备与材料的费用大约在 1 万日元。如果算上水草、沉木、温度计等备用品,费用会比较高。不过无须一次性备齐全部物品,可以根据预算,慢慢地打造接近理想状态的鱼缸。

饲养淡水鱼的自然净化鱼缸

最重要的不是花钱,而是愉悦心情。

问题 22　打造一个饲养海水鱼的鱼缸大约花费多少钱?

相较于淡水鱼,海水鱼的饲养费用稍稍高一些,饲养海水鱼大约需要花费 2 万日元。

饲养海水鱼用的加热器需要花费约 4000 日元,除此之外,海水用泥土和比重计等大约需要花费 5000 日元。

饲养海水鱼的自然净化鱼缸

大多数人会认为海水鱼的饲养难度较大,但实际上并不是这样。

[青木式青鳉培育法]

我特别喜爱青鳉。

我在 2004 年创立了青鳉综合信息网站，吸引了众多的青鳉爱好者。

在我正式研究青鳉时，市面上还没有专门教人饲养青鳉的书籍，只有金鱼和其他鱼类的相关书籍。

因此日东书院拜托我出一本专门讲青鳉的书。2010 年 5 月，我出版了《青鳉的饲养方法和繁殖方法》一书，这本书至今仍被许多人追捧，成了青鳉饲养方面的畅销图书。2013 年 6 月，这本书的续作《青鳉的饲养方法和繁殖技术》出版发行，此书讲解了青鳉遗传和繁殖技术等方面的专业知识，对饲养员和青鳉爱好者来说是一部有关青鳉的权威著作。我利用这种技术饲养的青鳉，在日本观赏鱼展览会上获得了全能冠军。希望本书能够在水生生物的饲养方面对你有所帮助。

感谢阅读本书。

读完你觉得如何？请务必对本书所讲解的技术进行实操。

最后，我想谈谈自己的感想。

我想利用自己的经验和水产事业的相关技术，为残障人士和不外出工作的年轻人提供一些帮助。

2016 年 4 月，菖蒲会股份有限公司成立。2016 年 10 月，在东京都的八王子站南口站前成立事务所。

事务所的名字是"青鳉专卖店"，主要工作内容是提供援助，但我有自己的想法，且没有在事务所中大肆宣传。

动物疗法想必大多数人都听过。这是一种通过与动物亲密接触，来稳定情绪的方法。

因此，我想向有烦恼的人们提供就业援助，让他们接触青鳉销售这项工作。我的事务所拥有可以说是全日本品质最好的青鳉和服务，并以此来迎接每一位到访者。

我在全国各地设立了这样的事务所来帮助有烦恼的人们。

在我的事务所里，抱有烦恼的人们可以学到许多水产行业的知识，并利用这些知识在销售和备用品生产等行业谋求发展。

人们在我的事务所里学习的同时还能获得工资。

梦想着独立从事水产行业的人；想要在就业前拥有自信的人；刚刚步入社会，因为没有经验而失去自信的人；有智力问题和精神问题，但又希望能够展现自我的人，请务必联系我经营的事务所。

　　抱有烦恼的人们，你们并不孤独，我希望你们能够步入社会，寻找自己的容身之所。我的事务所便是这样的容身之所，能够让人们知晓，便是我的荣幸。

　　另外，经营福利事务所的朋友，以及有同样想法的朋友，如果你对我的事业感兴趣，也请务必与我联系。

　　我很乐意听取大家的技术指导及建议。

　　谨以此书献给我的妻子千代和爱女千花。

青木崇浩

图书在版编目（ＣＩＰ）数据

打造理想水族箱：无须换水的鱼缸养护指南／（日）青木崇浩著；梁京译. — 北京：人民邮电出版社，2023. 2
ISBN 978-7-115-60155-1

Ⅰ. ①打… Ⅱ. ①青… ②梁… Ⅲ. ①观赏鱼类－鱼类养殖－指南 Ⅳ. ①S965. 8-62

中国版本图书馆CIP数据核字（2022）第189204号

版权声明

协助编辑：G. B股份有限公司
　　　　　坂尾昌昭　小芝俊亮　小林龙一
照片拍摄：青木崇浩　masaco
封面设计：cycledesign
设计　：山口喜秀（G. B. Design House）
DTP：佐藤世志子

内 容 提 要

　　本书通过实物照片与手绘插图，清晰地讲解了自带净化系统的鱼缸的打造方法。全书共 8 章。第 1 章为鱼类最适合的生存环境——自带净化系统的自然环境，第 2 章到第 7 章分别为细菌是什么、菌液的制作方法、在鱼缸中打造河流和湖泊、青木式水草连续培养法、在鱼缸中打造海水环境和观赏鱼缸的制作方法，第 8 章是鱼缸打造过程中遇到的问题与解答。

　　本书适合养鱼爱好者及相关从业者阅读。

　◆　著　　　［日］青木崇浩
　　　译　　　梁　京
　　　责任编辑　王　铁
　　　责任印制　周昇亮

　◆　人民邮电出版社出版发行　　北京市丰台区成寿寺路 11 号
　　　邮编　100164　电子邮件　315@ptpress.com.cn
　　　网址　https://www.ptpress.com.cn
　　　涿州市京南印刷厂印刷

　◆　开本：880×1230　1/32
　　　印张：5　　　　　　　　2023 年 2 月第 1 版
　　　字数：219 千字　　　　2023 年 2 月河北第 1 次印刷
　　　　　　著作权合同登记号　图字：01-2019-6612 号

定价：79.90 元
读者服务热线：(010)81055296　印装质量热线：(010)81055316
反盗版热线：(010)81055315
广告经营许可证：京东市监广登字 20170147 号